Rolf Schmidt

Welche Heizung braucht das Haus?
Systeme der Heiz- und Lüftungstechnik im Vergleich

Rolf Schmidt

Welche Heizung braucht das Haus?

Systeme der Heiz- und Lüftungstechnik im Vergleich

2., aktualisierte Auflage

Fraunhofer IRB Verlag

Bibliografische Information der Deutschen Nationalbibliothek

Die Deutsche Nationalbibliothek verzeichnet diese Publikation in der Deutschen Nationalbibliografie; detaillierte bibliografische Daten sind im Internet über http://dnb.d-nb.de abrufbar.
ISBN: 978-3-8167-8157-8

Herstellung: Dietmar Zimmermann
Layout: Dietmar Zimmermann
Umschlaggestaltung: Martin Kjer
Satz: Gerd Schweikert, Stuttgart
Druck: DZA Druckerei zu Altenburg, Altenburg
Für den Druck des Buches wurde chlor- und säurefreies Papier verwendet.

Fraunhofer-Informationszentrum
Raum und Bau IRB
Nobelstraße 12, 70569 Stuttgart
Telefon (0711) 970-2500
Telefax (0711) 970-2508
E-Mail: irb@irb.fraunhofer.de
http://www.baufachinformation.de

Einleitung

Welches Haustechniksystem für die Beheizung und die Warmwasserbereitung ist für den Bauherren und den Bewohner wirtschaftlich und sinnvoll?

Durch steigende Energiepreise und der Notwendigkeit zur CO_2 Reduzierung wird diese Frage immer wichtiger und interessanter. Umfangreiche Fachliteratur behandelt dieses Thema ausführlich und im Internet sind alle nur denkbaren Informationen einfach, preiswert und ungeordnet für jedermann verfügbar. Es wird, selbst für den Fachmann, immer schwieriger, die Flut von verfügbarem Wissen zu lesen und im Zusammenhang zu bewerten.

Wir sind hier bewusst einen pragmatischen Weg gegangen und haben am Beispiel eines gebauten Einfamilienhauses als Referenzhaus für den Neubau und Altbau sinnvolle und praktikable Standards gemäß den Anforderungen nach der EnEV, Energieeinsparverordnung und nach den Förderkriterien der KfW, Kreditanstalt für Wiederaufbau festgelegt, mit unterschiedlichen aktuellen Haustechniksystemen kombiniert und verglichen. Für die Renovierung bzw. Sanierung zum besseren Vergleich der Ergebnisse wurde das gewählte Referenzhaus – künstlich gealtert –, und jeweils ausgehend vom Baustandard der 60-ziger, 70-ziger und 80-ziger Jahre auf den aktuellen energetischen Standard nach EnEV angehoben.

Die energetischen Berechungsergebnisse, die Investitions- und Verbrauchskosten der Alternativen sind in Tabellen, Diagrammen und vergleichenden Darstellungen dargestellt und zusammengefasst. Zusammen mit den aufgezeigten Schlussfolgerungen und Empfehlungen versetzen sie den Architekten, Planer und interessierte Bauherren in die Lage, die unterschiedlichen Varianten der Heizungs- und Lüftungssysteme einzuordnen und die für Ihren konkreten Fall passende Anlage zu wählen.

Neben den Beschreibungen der berechneten Heiz- und Lüftungssysteme mit entsprechenden Praxisbeispielen gebauter Häuser wird der aktuelle Stellenwert von Wohnungslüftungssystemen im Rahmen der Anforderungen der Energieeinsparverordnung in den wesentlichen Grundlagen erläutert und dargestellt.

Wichtige Gesetze und Verordnungen sind im Jahr 2009 in Kraft getreten.

Die ab Oktober 2009 gültige, überarbeitete Energieinsparverordnung (EnEV 2009) stellt, neben veränderten Berechnungsmethoden, deutlich verschärfte energetische Anforderungen an den Neubau und Altbau. Dies gilt auch für die entsprechenden Förderstufen für energieeffizientes Bauen und Sanieren der KfW-Bankengruppe.

Das seit Januar 2009 zu berücksichtigenden Erneuerbare-Energien-Wärmegesetz (EEWärmeG) regelt den Einsatz erneuerbarer Energien bundesweit für den Neubau.

In der überarbeitete Lüftungsnorm DIN 1946 Teil 6, Lüftung von Wohnungen ist seit Mai 2009 die ausreichende Be- und Entlüftung von Wohnungen für jedes Bauvorhaben im Neubau und im Altbau verbindlich nachzuweisen und sicher zu stellen.

Auf der Grundlage dieser Neuerungen und Veränderungen haben wir in der zweiten aktualisierten Auflage die energetischen Anforderungen und Nachweise neu berechnet. Die vergleichenden Darstellungen der Ergebnisse wurden einschließlich der Schlussfolgerungen überarbeitet und mit zusätzlichen Beschreibungen ergänzt.

Die Systemvergleiche der Heiz- und Lüftungstechnik für den Neubau und Altbau sind, wie in der ersten Auflage, am Beispiel desselben Referenzhauses (nicht zu verwechseln mit dem Referenzgebäude nach EnEV 2009), durchgeführt und dargestellt.

Wie bei der ersten Auflage hat mir auch diesmal Herr Raimund Käser wieder mit Rat und Tat und viel Fachwissen geholfen. Auf diesem Wege noch einmal herzlichen Dank.

Celle, im Januar 2010

Inhaltsverzeichnis

1 Heizsysteme im Neubau – Bauen nach Energieeinsparverordnung 2009 und nach den Förderstufen der Kreditanstalt für Wiederaufbau

Die 2002 eingeführte Energiesparverordnung (EnEV), aktualisiert in 2004 und 2007, wurde in einem weiteren Schritt zum 1. Oktober 2009 deutlich verschärft.

Die nunmehr auf der Grundlage der aktuellen Regeln und Vorgaben der EnEV 2009 zu ermittelnden maximal zulässigen Höchstwerte für den Jahresprimärenergiebedarf Q_p und der Transmissionswärmeverluste der Gebäudehülle H_t bilden den energetisch entscheidenden Maßstab für die Baugenehmigung eines geplanten Bauvorhabens.

Durch die vorgegebene ganzheitlichen Betrachtung der energetischen Effizienz von Gebäudehülle und Haustechniksystem in Verbindung mit den erhöhten Anforderungen wird der Anteil der Haustechnik insgesamt – die nachfolgenden Berechnungen zeigen dies – zunehmend wichtiger und erhält mehr und mehr einen zentralen Stellenwert. (siehe Kapitel 5.1 EnEV 2009)

Weitere über den Standard der neuen EnEV 2009 hinausgehende Verschärfungen zum Schutz der Umwelt werden von der Kreditanstalt für Wiederaufbau in Berlin weiterhin beim Neubau in unterschiedlichen Stufen für den Bauherren finanziell gefördert.

Kriterien der Förderstufe KfW-Effizienzhaus 70

Die nach EnEV 2009 berechneten Referenzgebäudewerte dürfen den Jahres-Primärenergiebedarf Qp von 70% und den Transmissionswärmeverlust H_t von 85% nicht überschreiten (siehe Kapitel 5.1 EnEV 2009).

Kriterien der Förderstufe KfW-Effizienzhaus 55

Die nach EnEV 2009 berechneten Referenzgebäudewerte dürfen den Jahres-Primärenergiebedarf Q_p von 55% und den Transmissionswärmeverlust H_t von 70% nicht überschreiten (siehe Kapitel 5.1 EnEV 2009).

Bei einem Nachweis nach den Passivhausrichtlinien – dies ist auch möglich – darf der Jahresheizwärmebedarf des Gebäudes, bei Einbeziehung von Wärmerückgewinnen durch Wohnungslüftungsanlagen, nicht über 15 kWh pro Quadratmeter Wohnfläche liegen. Wie beim KfW-Effizienzhaus 55, darf auch hier der nach EnEV 2009 zu berechnende Referenzgebäudewert des Jahresprimärenergiebedarfs von 55% nicht überschritten werden. Die Förderung dieser Standards ist für das Jahr 2010 geplant, weitere Einzelheiten und aktuelle Informationen unter www.kfw-programme.de

1.1 Referenzhaus

Das gewählte Referenzhaus (nicht zu verwechseln mit dem Referenzgebäude nach EnEV 2009, siehe Kapitel 5.1), gebaut im Jahr 2001, ist ein nicht unterkellertes Einfamilienhaus mit 156 m^2 Wohnfläche mit einem Bruttovolumen von 575 m^3, und einer Gebäudenutzfläche von 184 m^2.

Bild 1 Referenzhaus

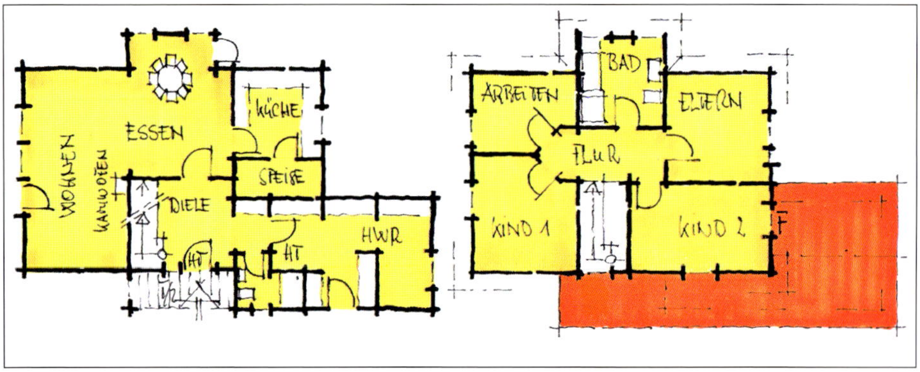

Bild 2 Grundrisse Referenzhaus

BAUTEIL	AUSSEN-WAND HOLZBAU	AUSSEN-WAND MASSIVBAU	DACH	DECKE	BODEN PLATTE	FENSTER
	Holzrahmen-bau	Ziegelmauer-werk 24 cm				
EnEV 2009						
Dämmdicke	24 cm	12 cm	20 cm	20 cm	10 cm	
U-Wert	0,18 W/m²K	0,18 W/m²K	0,22 W/m²K	0,21 W/m²K	0,32 W/m²K	1,20 W/m²K
g-Wert						0,65
KfW 70						
Dämmdicke	34 cm	18 cm	30 cm	30 cm	20 cm	
U-Wert	0,14W/m²K	0,14 W/m²K	0,15 W/m²K	0,15 W/m²K	0,18 W/m²K	1,10 W/m²K
g-Wert						0,60
KfW 55						
Dämmdicke	44 cm	24 cm	40 cm	40 cm	30 cm	
U-Wert	0,11 W/m²K	0,11 W/m²K	0,11 W/m²K	0,11 W/m²K	0,12 W/m²K	0,80 W/m²K
g-Wert						0,50

Bild 3 Dämmdicken und U-Werte der Gebäudehüllen - Neubau (siehe Kapitel 5.2.1 Systemdetails - Neubau)

1.1.1 Baukonstruktion

Die in den jeweiligen energetischen Standards festgelegten Dämmqualitäten der Gebäudehüllen entsprechen den konstruktiven und wirtschaftlich sinnvollen Erfahrungswerten unserer geplanten und gebauten Häuser seit Einführung der Energieeinsparverordnung 2002.

1.1.2 Haustechniksysteme

Die für die Berechnungen eingesetzten Systeme sind eine Auswahl aktueller Kombinationen mit Wohnungslüftung und Solarkollektoren auf der Grundlage von Gasbrennwert-, Wärmepumpen- und Pelletanlagen. (siehe Kapitel 5.5 Systembeschreibungen der berechneten Haustechnik)

1.1.3 Berechnungsgrundlagen

Die gewählten Haustechniksysteme wurden mit den jeweiligen Gebäudehüllen im Standard nach EnEV 2009, KfW-Effizienzhaus 70 und KfW-Effizienzhaus 55 mit dem Rechenprogramm EPASS-HELENA®* (Version 4.8 mit den Randbedingungen nach

* Programmentwicklung im Team Prof. Hauser, UNI Kassel und Fraunhofer Institut für Bauphysik

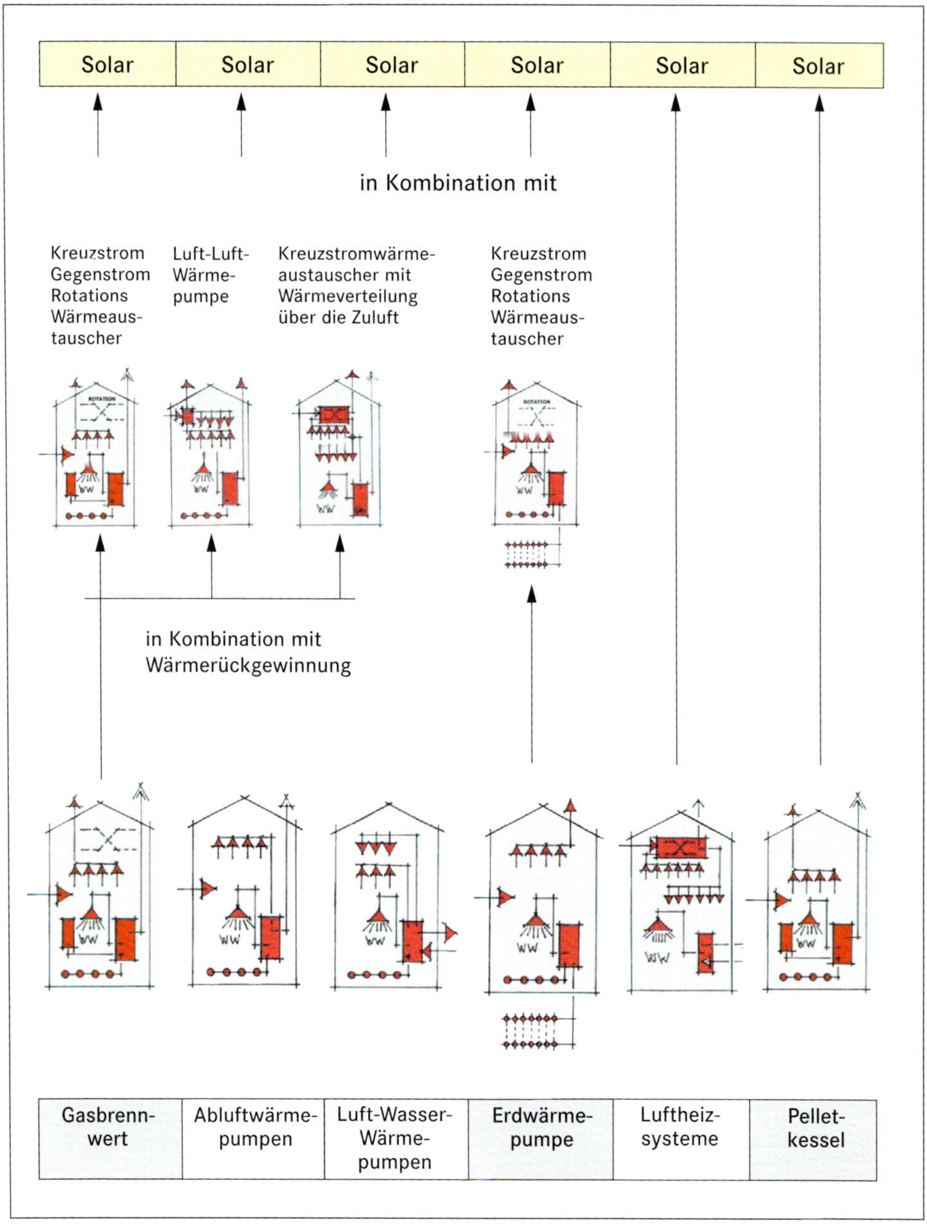

Bild 4 Aktuelle Haustechnikkombinationen

Haustechniksystem	mit
Gasbrennwert	Abluft ohne WRG
Gasbrennwert	WRG-80
Gasbrennwert	WRG-92
Gasbrennwert	WRG-Rotation
Gasbrennwert	WRG-80-Solar
Gasbrennwert	WRG-92-Solar
Gasbrennwert	WRG-Rotation
Gasbrennwert	WRG-Rotation + Solar
Gasbrennwert	WRG-WP
Gasbrennwert	WRG-WP + Solar
Gasbrennwert	WRG + WVT**
Gasbrennwert	WRG + WVT ** + Solar
Abluftwärmepumpe	
Luftwasser WP	WRG
Luftwasser WP	WRG + Solar
Erdwärmepumpe	Abluft
Erdwärmepumpe	WRG-80
Erdwärmepumpe	WRG-92
Erdwärmepumpe	WRG-Rotation
Erdwärmepumpe	WRG-80 + Solar
Erdwärmepumpe	WRG-92 + Solar
Erdwärmepumpe	WRG-Rotation + Solar
Luftheizsystem	WRG + WP
Pelletkessel	Abluftanlage
Pelletkessel	Abluftanlage + Solar

WRG = Wärmerückgewinnung WP = Wärmepumpe
WVT = Wärmeverteilung Luft

Bild 5
Berechnete Haustechnikkombinationen (siehe Kapitel 5.5 Systembeschreibungen der berechneten Haustechnik)

EnEV 2009) vom Energieberatungszentrum Süd, Ingenieurgesellschaft in Viernheim, berechnet.

Die Bewertungsgrundlage für die Haustechniksysteme ist das detaillierte Verfahren nach DIN 4701-10, Energetische Bewertung heiz- und raumlufttechnischer Anlagen. Für einzelne Varianten wurden konkrete veröffentlichte Herstellerproduktdaten, wie bei Gasbrennwertkesseln, bei Wärmepumpen (Abluftwärmepumpen zum Beispiel mit einem Heizstabanteil von 10 %) und bei Lüftungsanlagen mit Wärmerückgewinnung angesetzt. Pelletkessel mit Trinkwassererwärmung sind nach dem Tabellenverfahren mit zusätzlichen Herstellerinformationen berechnet.

Um eine einheitliche Bewertung für die Vergleiche sicher zu stellen, wurden die gesetzlich festgelegten Annahmen, wie zum Beispiel ein deutschlandweites Referenzklima, ein normiertes Nutzerverhalten, eine Raumtemperatur von 19° C und ein 0,6-facher Luftwechsel pro Stunde aufgrund einer Dichtheitsprüfung zugrunde gelegt.

Die Berücksichtigung der Wärmebrücken erfolgte beim Standard nach EnEV 2009 und beim KfW-Effizienzhaus 70 pauschal mit dem Faktor 0,05 W/m^2 K gemäß DIN 4108, Beiblatt 2. Beim KfW-Effizienzhaus 55 wurde der Faktor 0,02 mit Nachweis im Einzelfall angesetzt.

Die Verbrauchswerte (alle Kostenangaben incl. MWST 19 %) wurden mit aktuell üblichen Energiepreisen berechnet:

Strom Standard	€/kWh	0,1920
Strommix Wärmepumpe	€/kWh	0,1382
Gas	€/kWh	0,0565
Pellet	€/kWh	0,0380

1.2 Berechnungsergebnisse und vergleichende Darstellungen

Die Berechnungsergebnisse des Primär- und Endenergiebedarfs und der Verbrauchskosten sind in Tabellen und Diagrammen zusammengefasst und gegenübergestellt.

1.2.1 Primärenergiebedarf

Die nach Gasbrennwert-, Wärmepumpen- und Pellettechnik unterteilten Berechnungen mit den Kennwerten

- Q_h - Jahresheizwärmebedarf
- H_t' - spezifischer Transmissionswärmeverlust
- e_p - Anlagenaufwandzahl
- Q_p'' - Primärenergiebedarf

ergeben in bezogen auf das Referenzhaus folgende **Faustregeln:**

Die Anforderungen nach EnEV und die Förderstandards KfW-Effizienzhaus 70 und 55 unter Berücksichtigung des EEWärmeG werden von folgenden Haustechnikkombinationen erfüllt:

Haustechnik-systeme	Jahresheiz-wärme Q_h	H_T max Ref-Haus	H_T max Tabelle	Auf-wand-zahl e_p	Primärenergie Q_p''	Q_p'' max
	kWh / (m²a)	W / (m²a)			kWh / (m²a)	
EnEV 2009 Referenzwerte:	64,29	0,38	0,40	1,17	89,72	89,72
Standard EnEV 2009						
Gasbrennwert+ABLUFT ohne WRG	53,87	0,32	0,38	1,31	(87,03)	89,72
Gasbrennwert+WRG-80	56,86	0,32	0,38	1,10	(76,47)	89,72
Gasbrennwert+WRG-92	56,86	0,32	0,38	1,05	73,08	89,72
Gasbrennwert+WRG-RO*-96	56,86	0,32	0,38	1,03	71,58	89,72
Gasbrennwert+WRG-80 + SOL	56,86	0,32	0,38	0,91	62,99	89,72
Gasbrennwert+WRG-92 + SOL	56,86	0,32	0,38	0,86	59,60	89,72
Gasbrennwert+WRG-RO*-96 + SOL	56,86	0,32	0,38	0,84	58,10	89,72
Gasbrennwert+WRG-WP**	56,86	0,32	0,38	1,08	74,62	89,72
Gasbrennwert+WRG-WP** + SOL	56,86	0,32	0,38	0,88	61,14	89,72
Gasbrennwert+WRG-WVT***	56,86	0,32	0,38	1,27	(88,39)	89,72
Gasbrennwert+WRG-WVT***+SOL	56,86	0,32	0,38	1,14	79,05	89,72
Standard KfW-Effizienzhaus 70						
Gasbrennwert+ABLUFT ohne WRG	42,67	0,26	0,32	1,35	74,71	62,80
Gasbrennwert+WRG-80	45,58	0,26	0,32	1,10	64,06	62,80
Gasbrennwert+WRG-92	45,58	0,26	0,32	1,04	60,67	62,80
Gasbrennwert+WRG-RO*-96	45,58	0,26	0,32	1,02	59,16	62,80
Gasbrennwert+WRG-80 + SOL	45,58	0,26	0,32	0,87	50,70	62,80
Gasbrennwert+WRG-92 + SOL	45,58	0,26	0,32	0,81	47,31	62,80
Gasbrennwert+WRG-RO*-96 + SOL	45,58	0,26	0,32	0,79	45,80	62,80
Gasbrennwert+WRG-WP**	45,58	0,26	0,32	1,13	65,47	62,80
Gasbrennwert+WRG-WP** + SOL	45,58	0,26	0,32	0,90	52,11	62,80
Gasbrennwert+WRG-WVT***	45,58	0,26	0,32	1,25	72,55	62,80
Gasbrennwert+WRG-WVT***+SOL	45,58	0,26	0,32	1,03	59,77	62,80
Standard KfW-Effizienzhaus 55						
Gasbrennwert+ABLUFT ohne WRG	30,14	0,17	0,27	1,43	60,98	49,35
Gasbrennwert+WRG-80	32,97	0,17	0,27	1,10	50,24	49,35
Gasbrennwert+WRG-92	32,97	0,17	0,27	1,03	46,85	49,35
Gasbrennwert+WRG-RO*-96	32,97	0,17	0,27	1,00	45,34	49,35
Gasbrennwert+WRG-80 + SOL	32,97	0,17	0,27	0,82	37,20	49,35
Gasbrennwert+WRG-92 + SOL	32,97	0,17	0,27	0,74	33,80	49,35
Gasbrennwert+WRG-RO*-96 + SOL	32,97	0,17	0,27	0,71	32,30	49,35
Gasbrennwert+WRG-WP**	32,97	0,17	0,27	1,12	51,00	49,35
Gasbrennwert+WRG-WP** + SOL	32,97	0,17	0,27	0,94	42,71	49,35
Gasbrennwert+WRG-WVT***	32,97	0,17	0,27	1,22	55,28	49,35
Gasbrennwert+WRG-WVT***+ SOL	32,97	0,17	0,27	0,98	50,11	49,35

* Rotationswärmeaustauscher ** Wärmepumpe *** Wärmeverteilung über das Lüftungssystem

EnEV 2009 (EEWärmeG) nicht erfüllt	EnEV Anforderungen erfüllt	KfW-70 Anforderungen erfüllt	KfW 55 Anforderungen erfüllt

Bild 6 Berechnungsergebnisse mit Gasbrennwerttechnik

Haustechnik-systeme	Jahresheiz-wärme Q_h	H_T' max Ref-Haus	H_T' max Tabelle	Auf-wand-zahl e_p	Primärenergie Q_p''	Q_p'' max
	kWh/(m²a)	W/(m²a)			kWh/(m²a)	
EnEV 2009 Referenzwerte:	64,29	0,38	0,40	1,17		89,72
Standard EnEV 2009						
Abluftwärmepumpe	52,91	0,32	0,38	0,98	64,37	89,72
LuftwasserWP mit WRG	55,87	0,32	0,38	0,98	67,03	89,72
LuftwasserWP mit WRG+SOL	55,87	0,32	0,38	0,74	50,74	89,72
Erdwärmepumpe+Abluft	52,91	0,32	0,38	0,78	51,19	89,72
Erdwärmepumpe+WRG-80	55,87	0,32	0,38	0,71	48,21	89,72
Erdwärmepumpe+WRG-92	55,87	0,32	0,38	0,66	44,92	89,72
Erdwärmepumpe+WRG-RO*-96	55,87	0,32	0,38	0,65	44,58	89,72
Erdwärmepumpe+WRG-80+SOL	55,87	0,32	0,38	0,60	41,34	89,72
Erdwärmepumpe+WRG-92+SOL	55,87	0,32	0,38	0,56	38,06	89,72
Erdwärmepumpe+WRG-RO*96+SOL	55,87	0,32	0,38	0,55	37,71	89,72
Luftheizsystem – WRG-WP	55,87	0,32	0,38	0,66	44,87	89,72
Standard KfW-Effizienzhaus 70						
Abluftwärmepumpe	42,67	0,26	0,32	1,03	56,69	62,80
LuftwasserWP mit WRG	45,58	0,26	0,32	0,98	57,09	62,80
LuftwasserWP mit WRG+SOL	45,58	0,26	0,32	0,73	42,61	62,80
Erdwärmepumpe+Abluft	42,67	0,26	0,32	0,81	44,89	62,80
Erdwärmepumpe+WRG-80	45,58	0,26	0,32	0,72	41,83	62,80
Erdwärmepumpe+WRG-92	45,58	0,26	0,32	0,66	38,54	62,80
Erdwärmepumpe+WRG-RO*-96	45,58	0,26	0,32	0,66	38,20	62,80
Erdwärmepumpe+WRG-80+SOL	45,58	0,26	0,32	0,60	35,01	62,80
Erdwärmepumpe+WRG-92+SOL	45,58	0,26	0,32	0,55	31,72	62,80
Erdwärmepumpe+WRG-RO*96+SOL	45,58	0,26	0,32	0,54	31,38	62,80
Luftheizsystem – WRG-WP	45,58	0,26	0,32	0,70	40,70	62,80
Standard KfW-Effizienzhaus 55						
Abluftwärmepumpe	30,14	0,17	0,27	1,08	46,16	49,35
LuftwasserWP mit WRG	32,97	0,17	0,27	0,99	45,01	49,35
LuftwasserWP mit WRG + SOL	32,97	0,17	0,27	0,72	32,87	49,35
Erdwärmepumpe+Abluft	30,14	0,17	0,27	0,87	37,24	49,35
Erdwärmepumpe+WRG-80	32,97	0,17	0,27	0,75	34,05	49,35
Erdwärmepumpe+WRG-92	32,97	0,17	0,27	0,68	30,75	49,35
Erdwärmepumpe+WRG-RO*-96	32,97	0,17	0,27	0,67	30,40	49,35
Erdwärmepumpe+WRG-80+SOL	32,97	0,17	0,27	0,60	27,39	49,35
Erdwärmepumpe+WRG-92+SOL	32,97	0,17	0,27	0,53	24,08	49,35
Erdwärmepumpe+WRG-RO*-96+SOL	32,97	0,17	0,27	0,52	23,73	49,35
Luftheizsystem – WRG-WP	32,97	0,17	0,27	0,73	32,98	49,35

* Rotationswärmeaustauscher

EnEV 2009 und EEWärmeG Anforderungen erfüllt	KfW 70 Anforderungen erfüllt	KfW 55 Anforderungen erfüllt

Bild 7 Berechnungsergebnisse mit Wärmepumpentechnik

Haustechnik-systeme	Jahresheiz-wärme Q_h	H_T' max Ref-Haus	H_T' max Tabelle	Aufwand-zahl e_p	Primärenergie Q_p''	Q_p'' max
	kWh / (m²a)	W / (m²a)			kWh / (m²a)	
EnEV 2009 Referenzwerte:	64,29	0,38	0,40	1,17	89,72	89,72
Standard EnEV 2009						
Pelletkessel + Abluft ohne WRG	52,91	0,32	0,38	0,69	45,10	89,72
Pelletkessel + Abluft + SOL	52,91	0,32	0,38	0,59	38,91	89,72
Standard KfW-Effizienzhaus 70						
Pelletkessel + Abluft ohne WRG	42,67	0,26	0,32	0,75	41,47	62,80
Pelletkessel + Abluft + SOL	42,67	0,26	0,32	0,63	34,73	62,80
Standard KfW-Effizienzhaus 55						
Pelletkessel + Abluft ohne WRG	30,14	0,17	0,27	0,88	37,43	49,35
Pelletkessel + Abluft + SOL	30,14	0,17	0,27	0,70	29,71	49,35

KfW 70 Anforderungen erfüllt	KfW 55 Anforderungen erfüllt

Bild 8 Berechnungsergebnisse mit Pellettechnik

- **mit Gasbrennwerttechnik**

nach EnEV 2009	mit WRG ≥ 92
nach KfW-EFH-70	mit WRG ≥ 92
	mit WRG und Solareinbindung
nach KfW-EFH-55	mit WRG ≥ 92
	mit WRG und Solareinbindung

Nebeneffekte:

Mit WRG ≥ 92 und Solareinbindung sind die KfW-70 Anforderungen bereits bei der Gebäudehülle nach EnEV 2009 erfüllt und bei der KfW-70 Hülle werden die Anforderungen des Standards nach KfW-55 erreicht.

- **mit Wärmepumpentechnik**

nach EnEV-2009	alle Systemkombinationen
nach KfW-EFH-70	alle Systemkombinationen
nach KfW-EFH-55	alle Systemkombinationen

Nebeneffekte:

Mit Wärmepumpen, außer Abluftwärmepumpe und LuftWasserWärmepumpe mit WRG, sind die KfW-70 Anforderungen bereits bei der Gebäudehülle nach EnEV 2009 erfüllt und bei der KfW-70 Hülle werden die Anforderungen des Standards nach KfW-55 erreicht.

- **Pellettechnik**

  nach EnEV 2009 alle Systemkombinationen

  nach KfW-EFH-70 alle Systemkombinationen

  nach KfW-EFH-55 alle Systemkombinationen

  Nebeneffekte:

  Mit Pelletsystemen sind die KfW-70 Anforderungen bereits bei der Gebäudehülle nach EnEV 2009 erfüllt und bei der KfW-70 Hülle werden die Anforderungen des Standards nach KfW-55 erreicht.

1.2.2 Endenergiebedarf und Verbrauchskosten

Der Endenergiebedarf in kWh per anno ist die Energiemenge, die für Heizung, Lüftung und Warmwasserbereitung eines Gebäudes, multipliziert mit den aktuellen Energiepreisen für Gas, Öl, Strom und Holz vom Bauherren zu bezahlen ist.

Die zum Zweck der Vergleichbarkeit auf Referenzannahmen und normiertem Nutzerverhalten ermittelten Verbrauchskosten können durch die individuellen Verhaltensweisen der Bewohner und bei abweichenden Klimadaten von den tatsächlich zu zahlenden Kosten deutlich abweichen. (Kapitel 4, Praxisbeispiele gebauter Häuser)

Die Einzelergebnisse der Berechnungen ergeben:

- Die Verbrauchskosten mit Wärmepumpentechnik sind wesentlich günstiger als bei Gasbrennwerttechnik.
- Die Verbrauchswerte der Wärmepumpen bei der Gebäudehülle nach EnEV 2009 lassen sich mit Gasbrennwert erst bei der Dämmqualität nach KfW-Effizienzhaus 55 erreichen.
- Sowohl bei Gasbrennwert als auch bei Wärmepumpen lassen sich die Verbrauchskosten innerhalb eines Dämmstandards durch Aufrüsten mit Wärmerückgewinnung und Solareinbindung um rund 250 bis 300 € pro Jahr verringern.
- Bei einer Erhöhung des Dämmstandards der Gebäudehülle von EnEV 2009 auf KfW-EFH-70 bzw. von KfW-EFH-70 auf KfW-EFH-55 liegt die Minderung des Verbrauchs jeweils nur bei rund 100 € pro Jahr.
- Pelletkessel zeigen aktuell die höchsten Verbrauchskosten.

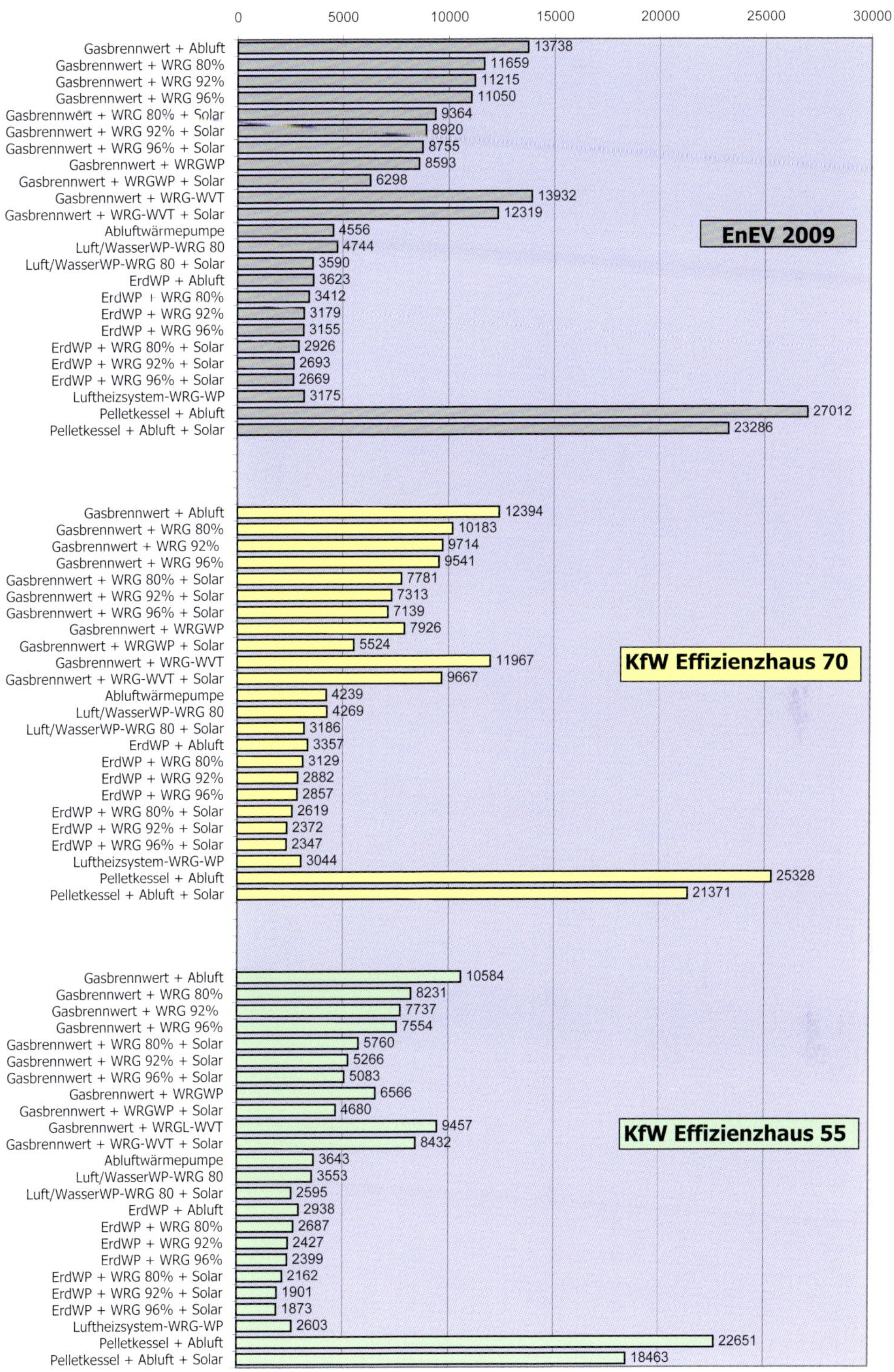

Bild 9 Endenergie in kWh / anno

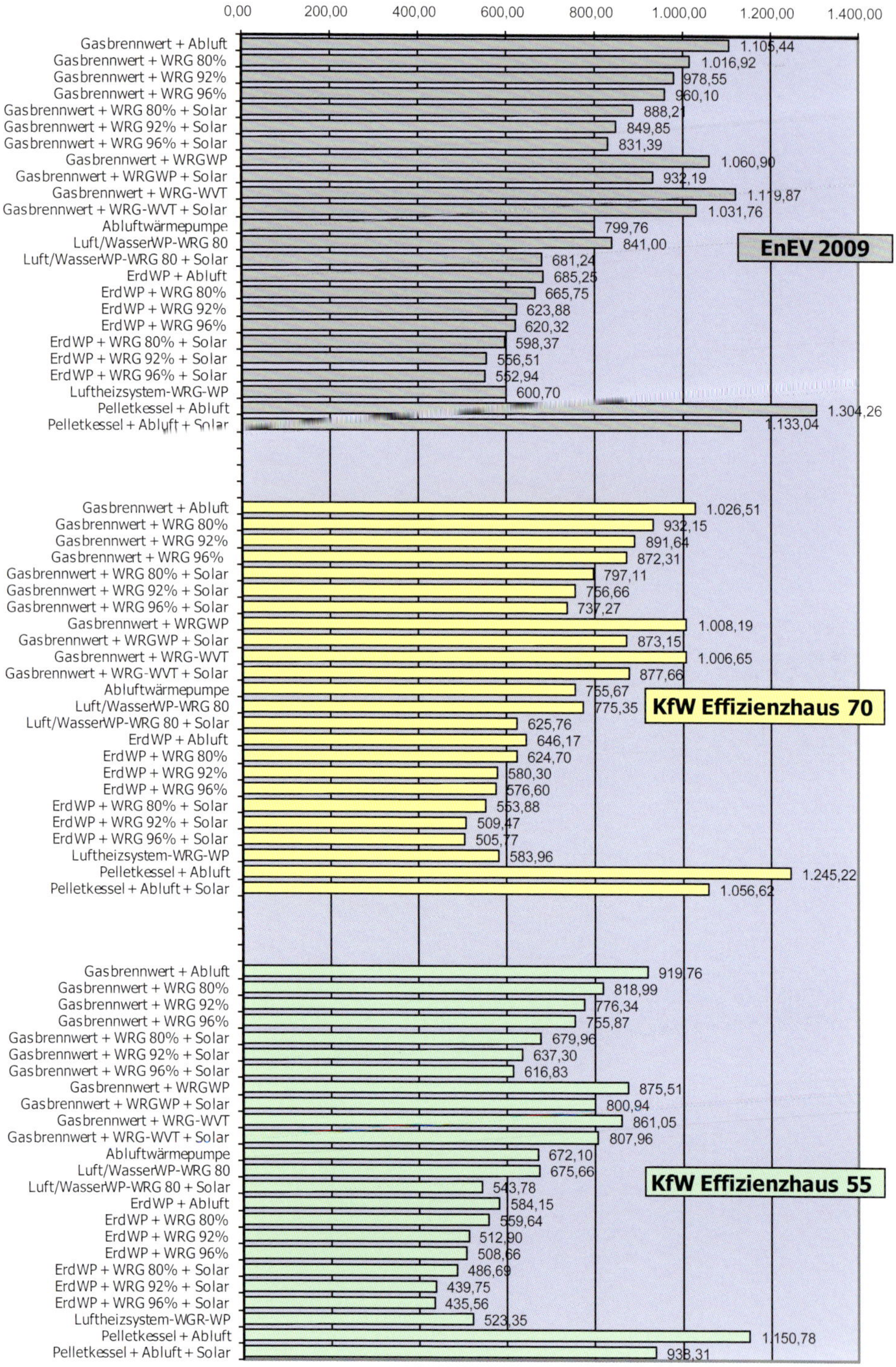

Bild 10 Verbrauchskosten in EURO/anno

1.2.3 Investitionskosten für Haustechnik und Gebäude

Die Investitionskosten der Haustechnik- und Gebäudevarianten wurden mit den aktualisierten Kalkulationswerten des gebauten Referenzhauses auf der Grundlage unserer Kalkulationsprogramme ermittelt.

Die Baukosten (incl. MWST. 19 %) des Referenzhauses, z.B. mit Gastbrennwerttechnik und bei schlüsselfertiger Erstellung betragen beispielsweise in den Standards nach

EnEV 2009	€ 188.229,00
KfW-EFH-70	€ 202.761,00
KfW-EFH-55	€ 220.098,00.

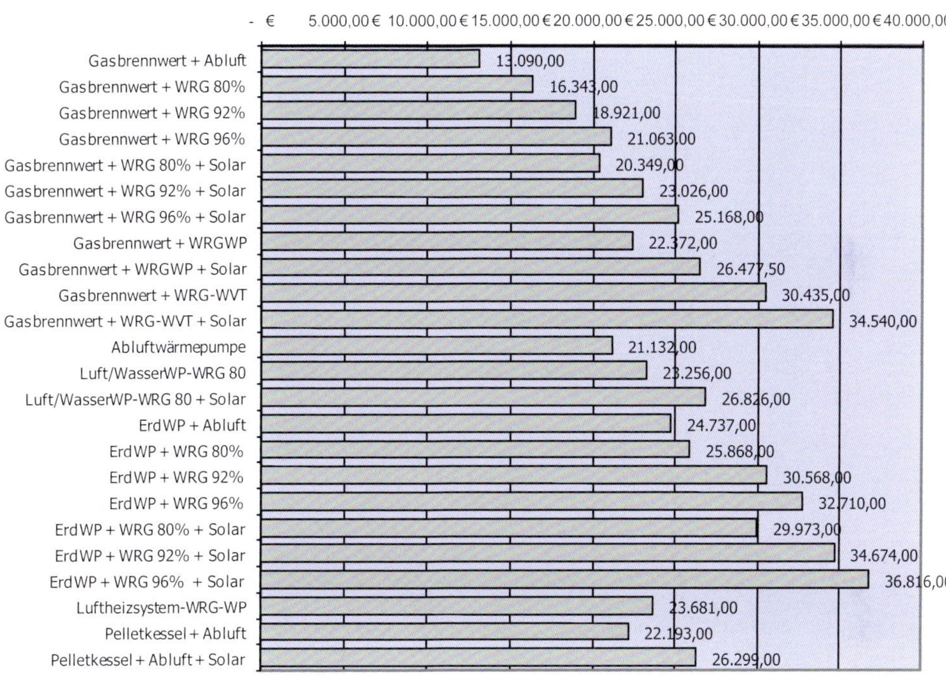

Bild 11 Investitionskosten der Haustechnikkombinationen

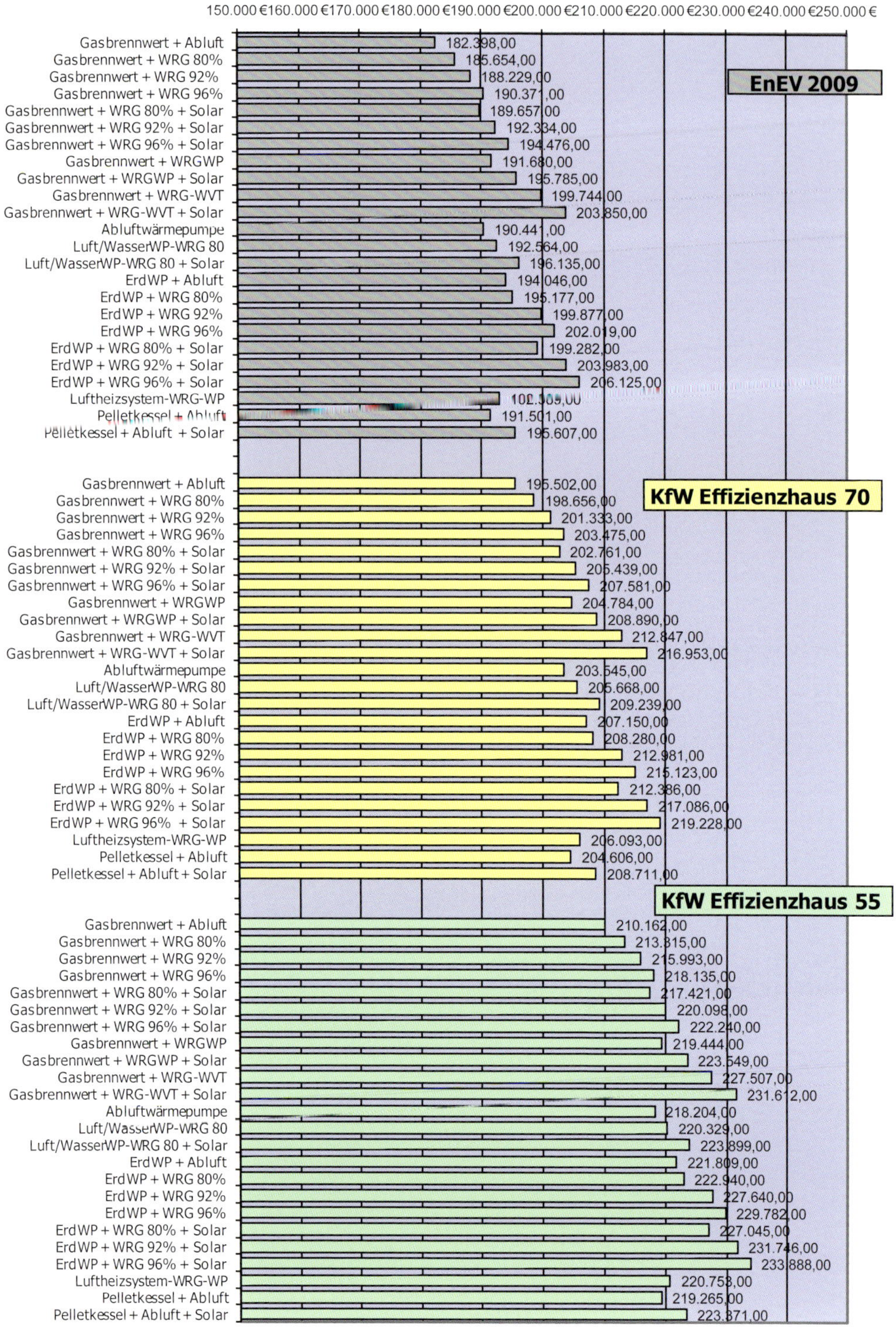

Bild 12 Gesamtinvestitionen Referenzhaus

Daraus ergibt sich in unserem Fall für das freistehende nicht unterkellerte Einfamilienhaus bezogen auf den Standard nach EnEV 2009 eine Erhöhung der Baukosten (incl. MWST. 19 %) von

ca. 8 %	beim Standard KfW-EFH-70
ca. 20 %	beim Standard KfW-EFH-55

Die Investitionskosten incl. MWST. 19 % der einzelnen Haustechnikkombinationen untereinander bewegen sich

von	€ 13.090,00	bis	€ 34.540,00	bei den Gasbrennwertsystemen
von	€ 21.132,00	bis	€ 36.816,00	bei den Wärmepumpensystemen
von	€ 22.193,00	bis	€ 26.299,00	bei den Pelletsystemen

2 Heizsysteme im Altbau – Energetische Sanierung im Bestand

Die wirklich interessanten Energieeinsparpotentiale für die CO_2 Reduzierung liegen in der energetischen Sanierung von Altbauten auf Neubauniveau. Bei den Wohngebäuden der 60-ziger und 70-ziger Jahre besteht der größte Sanierungsbedarf und die Möglichkeit einer deutlichen Verringerung der Verbrauchskosten.

Auch für die energetische Sanierung von Häusern im Bestand gibt es auf der Grundlage der EnEV 2009 bei der Kreditanstalt für Wiederaufbau spezielle Förderungen, die neben günstigen Zinskonditionen auch die Möglichkeit konkreter Tilgungszuschüsse in interessanten Größenordnungen bieten.

Wie beim Neubau sind auch hier im KfW Förderprogramm »Energieeffizient Sanieren« einzuhaltende Werte für den Primärenergiebedarf und für die auf die Gebäudehülle bezogene Wärmeverluste vorgegeben.

Weitere aktuelle Einzelheiten unter www.kfw-programme.de.

2.1 Referenzhaus

Das bereits beim Neubau verwendete Referenzhaus (nicht zu verwechseln mit dem Referenzgebäude nach EnEV 2009, siehe Kapitel 5.1), bildet auch hier, zum besseren Vergleich und der Einfachheit halber künstlich gealtert in die 60-ziger, 70-ziger und 80-ziger Jahre zurückversetzt, die Grundlage für die energetische Berechnungen.

2.1.1 Baukonstruktion

Die Baukonstruktionen der Gebäudehüllen aus den genannten Jahren wurden unter Beibehaltung der seinerzeit üblichen Konstruktionen auf das heute aktuelle Niveau der EnEV 2009 verbessert.

Bei den Berechnungsvorgaben der 60-ziger und 70-ziger Jahren ist – gängiger Praxis entsprechend – eine in der Zwischenzeit erfolgte Fenstererneuerung mit besseren U-Werten berücksichtigt.

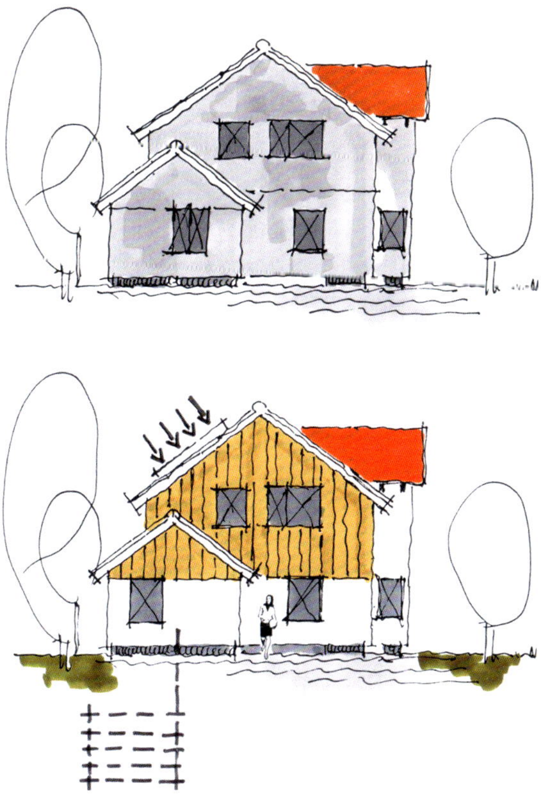

Bild 13
Referenzhaus Vorher – Nachher

Bauteil	Aussenwand	Dach	Decke	Boden Platte	Fenster
60-ziger					
U-Wert	1,4 W / m²K	1,4 W / m²K	0,8 W / m²K	0,8 W / m²K	2,7 W / m²K
g-Wert					0,75
70-ziger					
U-Wert	0,6 W / m²K	0,8 W / m²K	0,6 W / m²K	0,6 W / m²K	2,7 W / m²K
g-Wert					0,75
80-ziger	0,4 W / m²K	0,4 W / m²K	0,3 W / m²K	0,4 W / m²K	2,7 W / m²K
U-Wert					0,75
g-Wert					
saniert nach EnEV 2009					
U-Wert	0,22 W / m²K	0,24 W / m²K	0,24 W / m²K	0,40 W / m²K	1,4 W / m²K
g-Wert					0,65

Bild 14 U-Werte der Gebäudehüllen – Altbau (siehe Kapitel 5.3.2 Systemdetails – Altbau)

2.1.2 Haustechniksysteme

Den Vergleichsberechnungen liegt die gleiche Auswahl aktuell verfügbarer Systemkombinationen mit Gasbrennwert-, Wärmepumpen- und Pellettechnik wie bei den Neubauberechnungen zugrunde.

Ebenfalls gängiger Praxis folgend ist eine zwischenzeitliche Erneuerung der Heiztechnik mit einem Gas-Niedertemperaturkessel und Heizkörpern mit Thermostatventilen in den Berechnungen berücksichtigt.
(Bild 5, Berechnete Haustechnikkombinationen)

2.1.3 Berechnungsgrundlagen

Die gewählten Haustechniksysteme wurden mit der auf Neubau-Niveau nach EnEV 2009 sanierten Gebäudehülle ebenfalls vom Energieberatungszentrum Süd, Ingenieurgesellschaft in Viernheim berechnet.

Auch hier wurden gesetzlich festgelegte Annahmen, wie zum Beispiel ein deutschlandweites Referenzklima, ein normiertes Nutzerverhalten, eine Raumtemperatur von 19°C und ein 0,6-facher Luftwechsel pro Stunde zugrunde gelegt.

Die bauphysikalischen Werte der Gebäudehüllen aus den 60/70/80-zigern entsprechen den Regeln für Datenaufnahme im Wohngebäudebestand nach dem Bundesministerium für Verkehr, Bau- und Stadtentwicklung. Den Berechnungen liegen die gleichen Energiepreisen für die Berechnungen der Verbrauchskosten, wie beim Neubau, zugrunde.

2.2 Berechnungsergebnisse und vergleichende Darstellungen

Die Anhebung der energetischen Qualität bei Gebäuden im Bestand auf EnEV-Niveau macht die erheblichen Einsparpotenziale beim Jahresheizwärme, beim Primär- und Endenergiebedarf und bei den jährlichen Verbrauchskosten deutlich.

2.2.1 Energetische Sanierung auf Neubau-Niveau nach EnEV 2009

Bezogen auf die größte Gruppe der zu sanierenden Einfamilienhäuser aus den 60-ziger Jahren reduziert sich

- der Jahres-Heizwärmebedarf allein durch die bessere Dämmqualität der Gebäudehülle um fast 70 Prozent (Haustechnik hat keinen Einfluss).

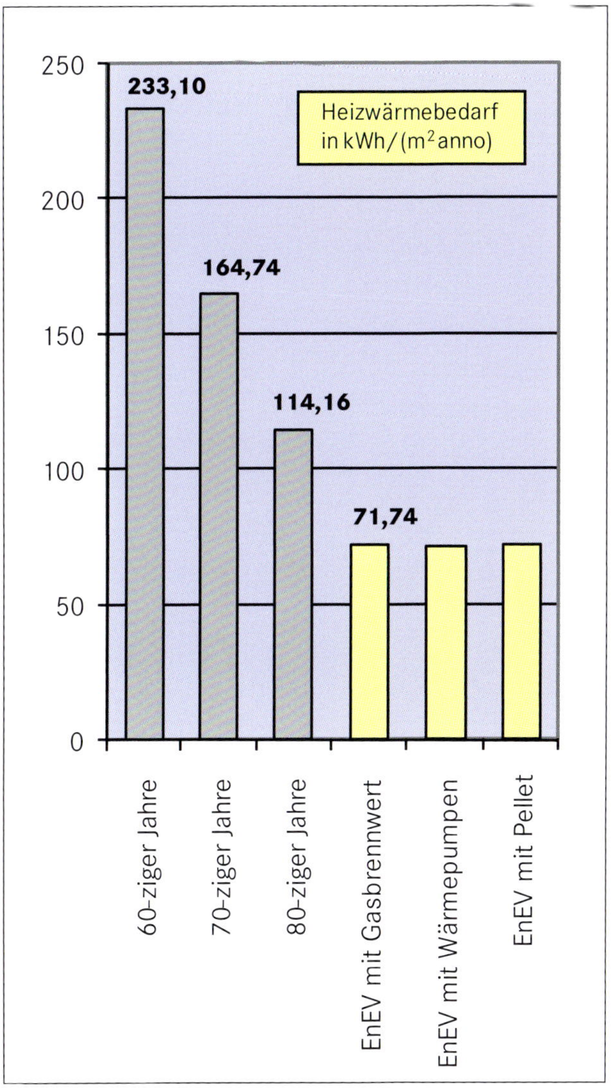

Bild 15
Jahres-Heizwärmebedarf, Altbau nach EnEV 2009

- der Jahres-Primärenergiebedarf beim Einbau einer

Gasbrennwertheizung	um 75 Prozent
Wärmepumpenheizung	um 83 Prozent
Pelletheizung	um 86 Prozent

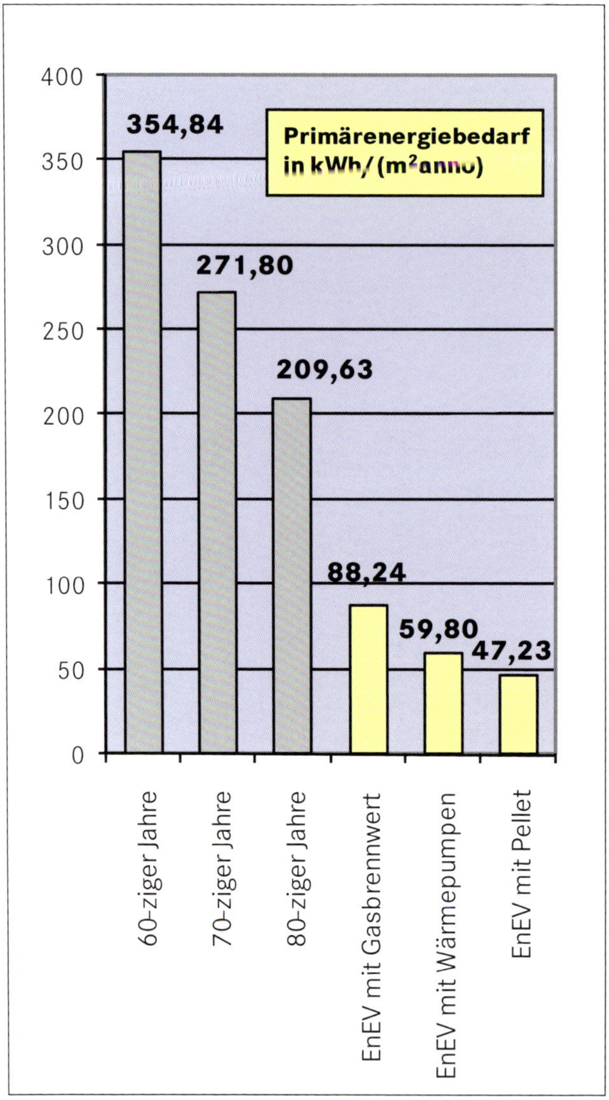

Bild 16
Jahres-Primärenergiebedarfs, Altbau nach EnEV 2009

- der Jahres-Endenergiebedarf beim Einbau einer

Gasbrennwertheizung	um 77 Prozent
Wärmepumpenheizung	um 93 Prozent
Pelletheizung	um 49 Prozent

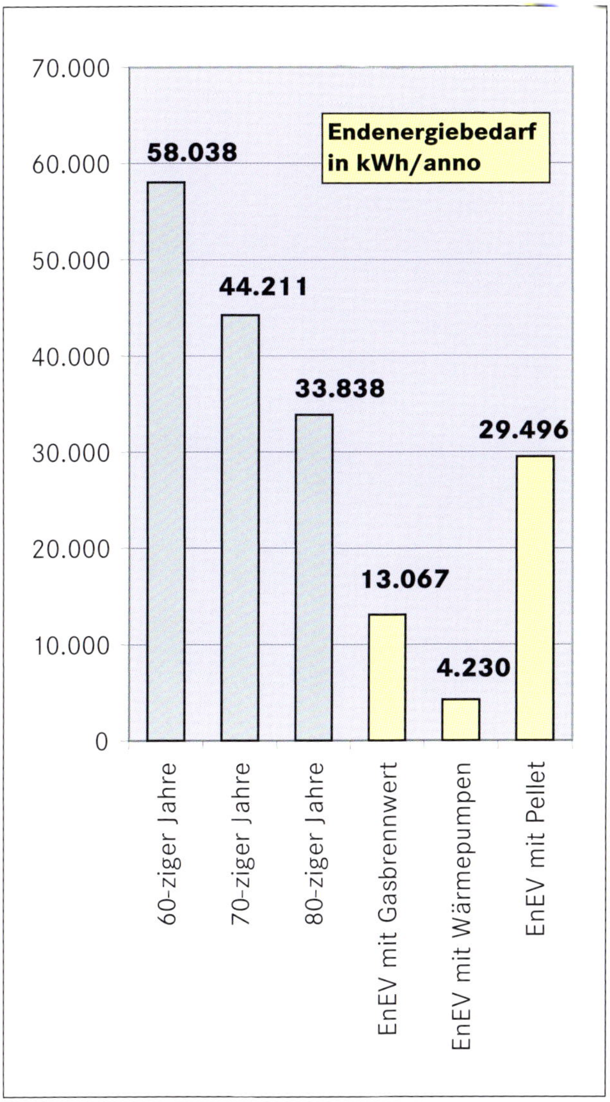

Bild 17
Jahres-Endenergiebedarf, Altbau nach EnEV 2009

- die Verbrauchskosten beim Einbau einer

Gasbrennwertheizung	um 69 Prozent	(2.489 EURO/anno)
Wärmepumpenheizung	um 79 Prozent	(2.848 EURO/anno)
Pelletheizung	um 62 Prozent	(2.244 EURO/anno)

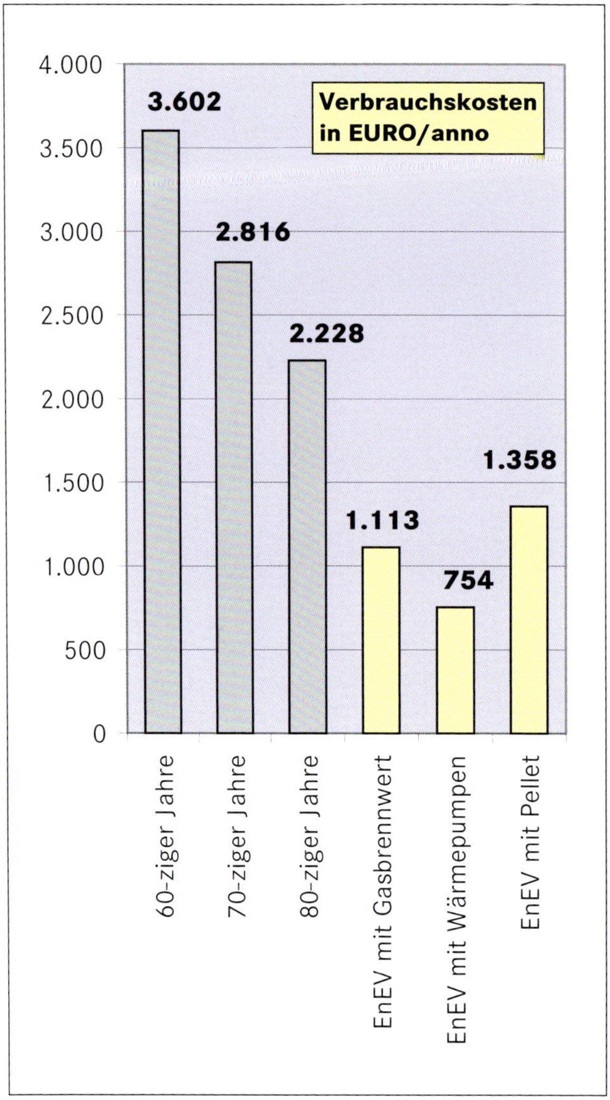

Bild 18
Verbrauchskosten, Altbau nach EnEV 2009

Den Vergleichen liegen Durchschnittswerte der jeweils berechneten Kombinationen zugrunde.

Differenzierte Einzelwerte gemäß Bild 19.

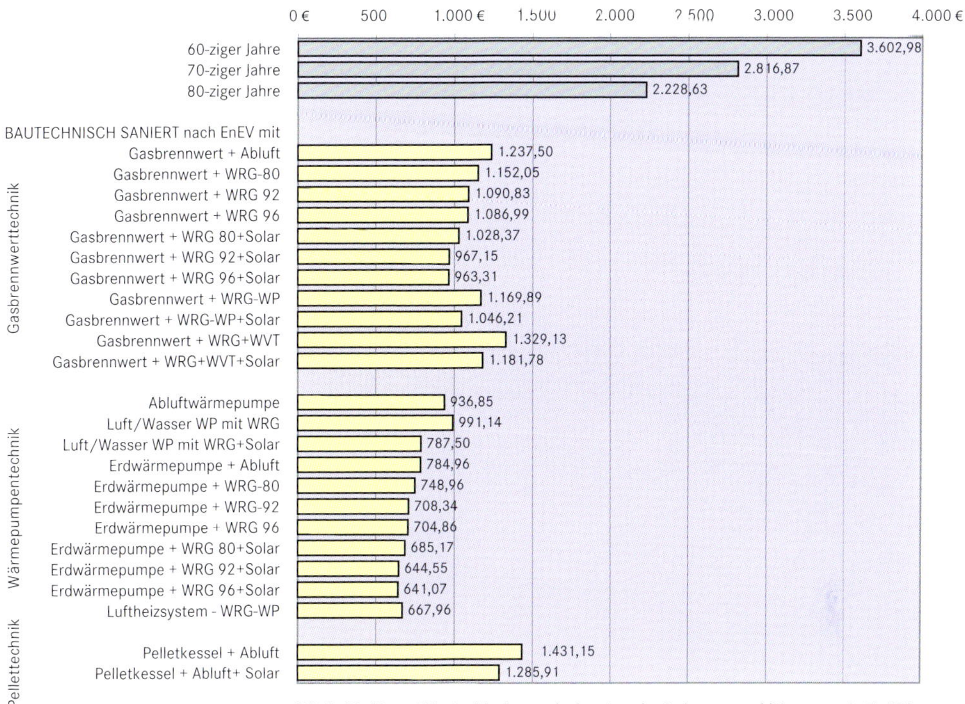

Bild 19 Detaillierte Verbrauchskosten in € / anno – Altbau nach EnEV

2.2.2 KfW Förderprogramm »Energieeffizient Sanieren«

Mit dem Programm »Energieeffizient Sanieren« werden Altbausanierungen von der Kreditanstalt für Wiederaufbau in folgenden Stufen gefördert:

Förderstufe KfW-Effizienzhaus 100

Die nach EnEV 2009 berechneten Referenzgebäudewerte dürfen den Jahres-Primärenergiebedarf Q_p von 100% und den Transmissionswärmeverlust $H_{t'}$ von 115 % nicht überschreiten.

Förderstufe KfW-Effizienzhaus 85

Die nach EnEV 2009 berechneten Referenzgebäudewerte dürfen den Primärenergiebedarf Q_p von 85 % und den Transmissionswärmeverlust $H_{t'}$ von 100 % nicht überschreiten. Die Förderung dieses Standards ist für das Jahr 2010 geplant, weitere Einzelheiten und aktuelle Informationen unter www.kfw-programme.de.

3 Schlussfolgerungen und Empfehlungen Welche Heizung braucht das Haus?

Die für Baugenehmigung und Fördermittel einzuhaltenden Primärenergiewerte sind eine Sache, die Höhe der aktuell und vor allem in Zukunft zu erwartenden jährlichen Verbrauchskosten vor dem Hintergrund ständig steigenden Energiepreisen eine andere.

Mit welcher Heizung habe ich die günstigsten Energiekosten pro Jahr?

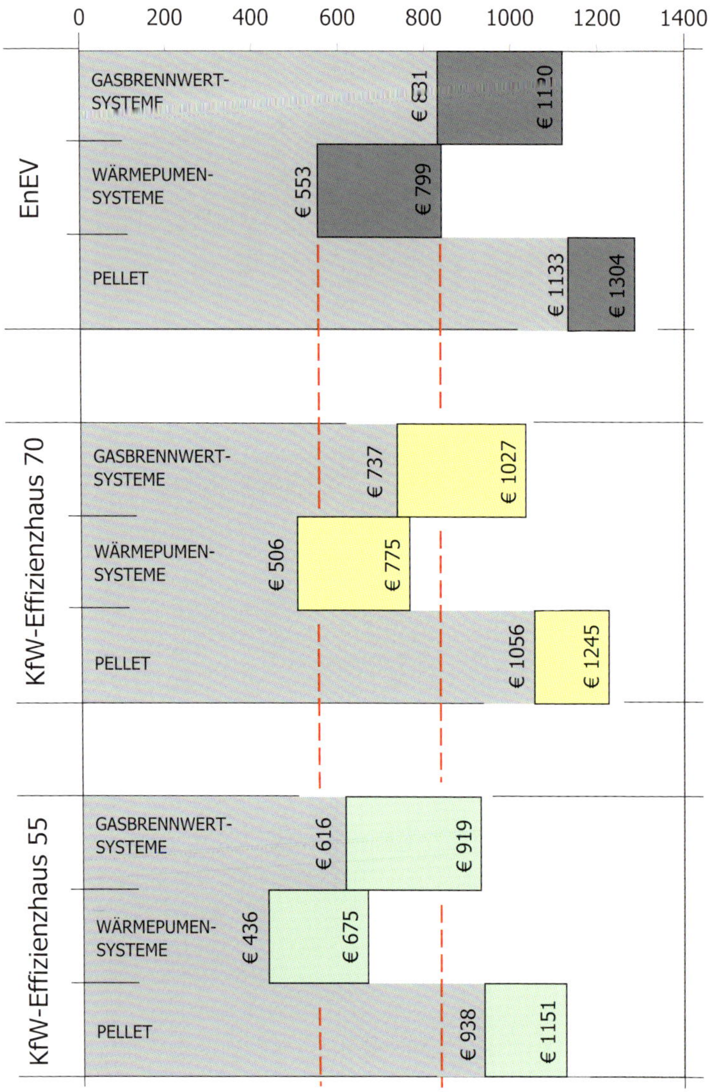

Bild 20 Verbrauchskosten-Neubau in € / anno im Überblick

Wann aber lohnen sich Investitionen in einen guten Dämmstandard nach KfW-EFH-70 und KfW-EFH-55 und welches Haustechniksystem ist wirtschaftlich?

Die Antwort auf die allseits beliebte Frage: »In wie vielen Jahren haben sich die Mehrkosten amortisiert? lautet, redlich beantwortet: »Je nach Technik und gewähltem Gebäudestandard bei heutigen Voraussetzungen in rund 20 bis 80 Jahren und mehr.«

Ein einfacher Vergleichsmaßstab ist die jährliche Verzinsung der Mehrkosten aus Dämmung und Haustechnik durch die erzielte Energieeinsparung. Mit dem Referenzhaus nach EnEV 2009 mit Gasbrennwertkessel, einfachem Abluftsystem und einer Wärmeverteilung über Heizkörper als Bezugsgröße zeigen sich zusammengefasst folgende Ergebnisse:

- Die Verzinsungen der Mehrkosten liegen beim Standard nach

EnEV 2009	von	0,34 %	bis	max. 4,77 %
KfW-EFH-70	von	0,19 %	bis	max. 2,20 %
KfW-EFH-55	von	0,41 %	bis	max. 1,52 %

- Die besten Verzinsungen erreichen kombinierte Komplettsysteme mit Rückgewinntechniken und Wärmepumpen.
- Die generell günstigen Verbrauchswerte der Wärmepumpen relativieren sich durch hohe Investitionen.
- Die beste Verzinsung wird im EnEV-Standard erreicht.

Was ist warum zu empfehlen?

- **Baukonstruktion:**

  Eine gut gedämmte Gebäudehülle, mindestens 15 % besser als nach EnEV 2009 gefordert, wie beim Referenzhaus gewählt.

  Die bessere Dämmqualität erhöht neben der eigenen Wirksamkeit auch den Anteil interner und solarer Gewinne durch Bewohner und Sonneneinstrahlung.

- **darauf aufbauend:**

  Energieeffiziente Haustechnik kombiniert mit Wohnungslüftung und Wärmerückgewinnung zur Sicherstellung der Raumhygiene und zur Mehrfachnutzung bezahlter Heizenergie.

- **kombinierte Komplettsysteme**

  Abluftwärmepumpen und Luftheizsysteme erreichen das beste Verhältnis von Investition und Verbrauch, da sie unter anderem ohne Gasanschluss oder teure Erdwärmeerschließungen auskommen.

- **Erdwärmepumpen**

  mit Wärmerückgewinnung und Solar, bei der Verzinsung der anfallenden Mehrkosten annähernd gleich mit entsprechenden Gasbrennwertkombinationen, bieten mit Abstand die geringsten Verbrauchskosten.

- **Standard nach KfW-EFH-70 und besser**

  Bei komfortabler Finanzierungsmöglichkeit des Bauherren empfiehlt sich ein Gebäudestandard nach KfW-EFH-70 und besser mit entsprechender Haustechnik. Für die heutige und die kommende Bauherrengeneration ist und wird das Einfamilienhaus zunehmend zum Wirtschaftsgut oder Anlagenobjekt. Es steht bei einem Verkauf in 10 bis 15 Jahren mit den dann am Markt angebotenen Gebäudestandards und Weiterentwicklungen in Bau- und Haustechnik in Konkurrenz.

Die Empfehlungen beziehen sich im Wesentlichen auf energetische Gesichtspunkte. Selbstverständlich gibt es auch gute Gründe für andere Entscheidungen, denn Investitionskosten stehen häufig für den Bauherren zwingend im Vordergrund.

Anlagen beispielsweise mit Kühlfunktionen, Wärmeverteilung über Bodenkanälen bei großen Fensterflächen und Holzheizsysteme als Kaminöfen mit sichtbarem Feuer erfüllen spezielle über das Energieeinsparen hinausgehende Wünsche und Vorstellungen der Bauherren.

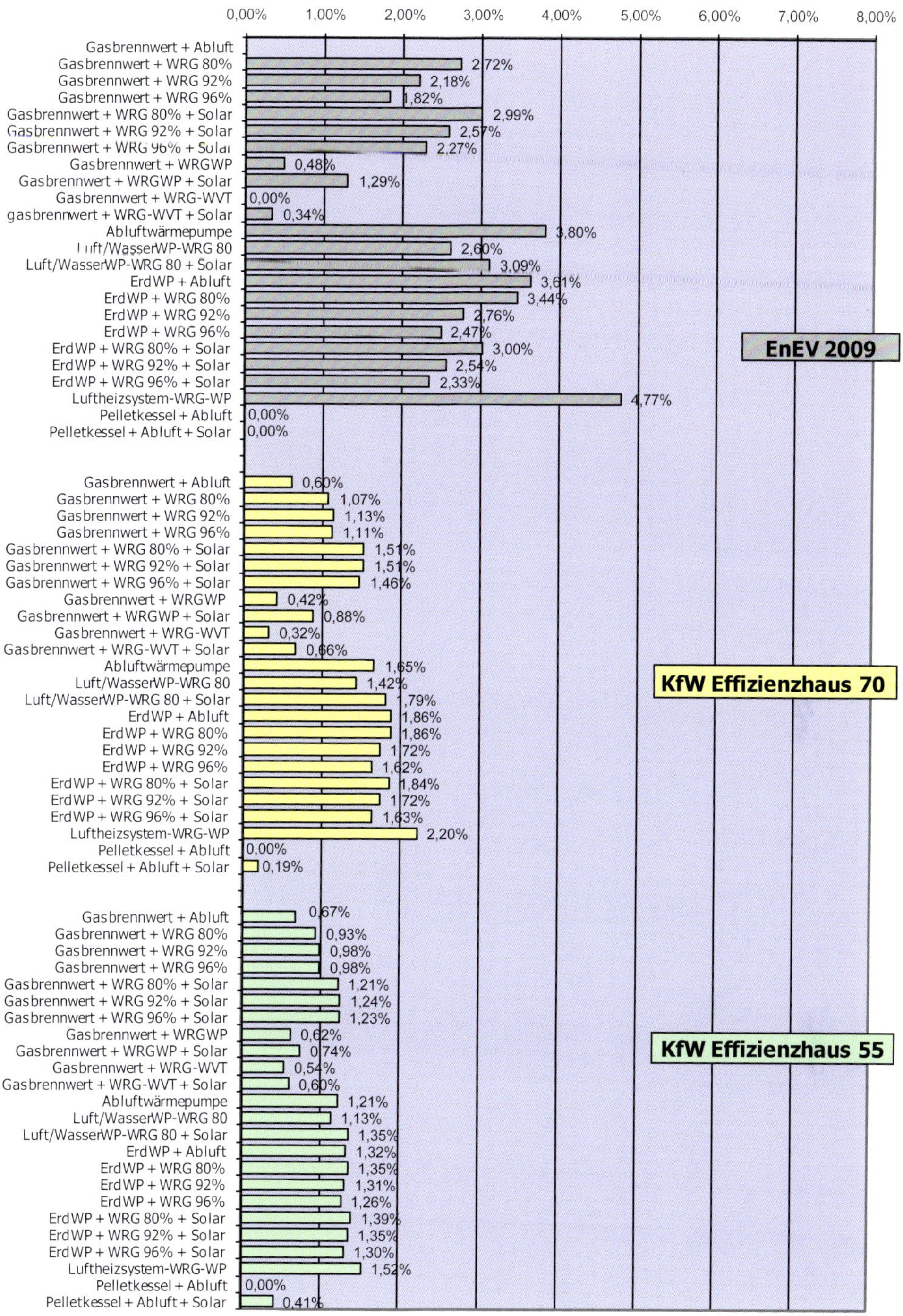

Bild 21 Verzinsung der Mehrkosten – Neubau

4 Praxisbeispiele gebauter Häuser

Die nachfolgende Gegenüberstellung der unterschiedlichen Haustechniksysteme zeigt tatsächliche Investitionskosten mit den angefallenen Verbrauchskosten bei gebauten und bewohnten Häusern.

Da noch keine Häuser nach der seit Oktober 2009 gültigen Energieeinsparverordnung mit den entsprechenden KfW-Förderstandards zur Verfügung stehen können, haben wir die bisherige Auflistung mit weitere Hausbeispielen aus den Jahren 2006 bis 2009 ergänzt.

4.1 Gebaute Häuser im Standard nach EnEV 2004 – 2007

- Haus Wienhausen
- Haus Kirchlengern
- Haus Spanische Furt
- Haus Dortmund
- Haus Bünde
- Haus Magdeburg

4.2 Gebaute Häuser im Standard nach KfW 60 *

- Haus Holzkirchen
- Haus Westerheim
- Haus Ravensburg
- Haus Rheinhausen
- Haus Seershausen
- Haus Neubrunn
- Haus Assamstadt
- Haus Usingen

* Bisheriger Förderstandard nach EnEV 2004 bis 2007 mit den Kriterien: Der Primärenergiebedarf darf den Wert von 60 kWh nicht überschreiten und der auf die Gebäudehülle bezogene Wärmeverlust muss den zulässigen Höchstwert nach EnEV um mindestens 30% (bezogen auf Neubauniveau) unterschreiten.

4.3 Gebaute Häuser im Standard nach KfW 40** bzw. Passivhaus

- Haus Viernheim
- Haus Helmstedt
- Haus Halfing
- Haus Crimmitschau
- Haus Darmstadt
- Haus Limburg
- Haus Maisenbühl
- Haus Messmer
- Haus Frankfurt, Altbausanierung

** Bisheriger Förderstandard nach EnEV 2004 bis 2007 mit den Kriterien: Der Primärenergiebedarf darf den Wert von 40 kWh nicht überschreiten und der auf die Gebäudehülle bezogene Wärmeverlust muss den zulässigen Höchstwert nach EnEV um mindestens 45 % (bezogen auf Neubau-Niveau) unterschreiten.

EnEV - Haus Wienhausen

156 m² Wohnfläche, nicht unterkellertes Einfamilienhaus, gebaut 2001

Gebäudehülle

	U-Werte (W/m²K)
Außenwand	0,20
Dach	0,22
Decke	0,21
Bodenplatte	0,32
Fenster	1,40 (g-Wert 0,65)

Haustechnikkombination

Wohnungslüftungssystem mit Wärmerückgewinnung über Abluftwärmepumpe mit dezentraler Frischluftzuführung für Heizung und Warmwasser mit Solareinbindung. Wärmeverteilung durch Fußbodenheizung.

System
Abluftwärmepumpe: Stiebel Eltron CWA 303 SOL

Investition Haustechnik incl. Montage
23.950 Euro incl. MwSt. 16 %

berechnete Verbrauchskosten:
745 Euro pro Jahr incl. MwSt.

tatsächliche Verbrauchskosten:
571 Euro pro Jahr incl. MwSt.

(Quelle, Dipl.-Ing. Rolf Schmidt - Architekt)

EnEV – Haus Kirchlengern

132 m² Wohnfläche, nicht unterkellertes Einfamilienhaus, gebaut 2001

Gebäudehülle

	U-Werte (W/m²K)
Außenwand	0,18
Dach	0,22
Decke	0,21
Bodenplatte	0,32
Fenster	1,40 (g-Wert 0,65)

Haustechnikkombination

Wohnungslüftungssystem mit Wärmerückgewinnung über Abluftwärmepumpe mit dezentraler Frischluftzufuhr für Heizung und Warmwasser mit zusätzlicher Außenluftnutzung. Wärmeverteilung im Erdgeschoss durch Fußbodenheizung, im Obergeschoss durch Niedertemperaturheizkörper.

System

Abluftwärmepumpe: Nibe Fighter 600P

Investition Haustechnik incl. Montage

18.792 Euro incl. MwSt. 16 %

berechnete Verbrauchskosten:

707 Euro pro Jahr incl. MwSt.

tatsächliche Verbrauchskosten:

612 Euro pro Jahr incl. MwSt.

(Quelle, Dipl.-Ing. Rolf Schmidt – Architekt)

EnEV – Haus Spanische Furt

108 m² Wohnfläche, unterkellerte Reihenhäuser, gebaut 2004

Gebäudehülle

	U-Werte (W/m²K)
Außenwand	0,203
Dach	0,149
Keller-Decke	0,299
Fenster	1,3 (g-Wert 0,65)

Haustechnikkombination

Wohnungslüftungssystem mit Wärmerückgewinnung über Abluftwärmepumpe mit dezentraler Frischluftzuführung für Heizung und Warmwasser mit Solareinbindung. Wärmeverteilung durch Fußbodenheizung.

System
Abluftwärmepumpe: tecalor THD 200 SOL

Investition Haustechnik incl. Montage
ca. 20.880 Euro incl. MwSt. 16 %

berechnete Verbrauchskosten:
800 Euro pro Jahr incl. MwSt.

tatsächliche Verbrauchskosten:
600 Euro pro Jahr incl. MwSt.

(Quelle, Fa. tecalor GmbH)

EnEV - Haus Dortmund

152 m² Wohnfläche, nicht unterkellertes Einfamilienhaus, gebaut 2004

Gebäudehülle

	U-Werte (W/m²K)
Außenwand	0,20
Dach	0,18
Decke	0,21
Bodenplatte	0,32
Fenster	1,40 (g-Wert 0,65)

Haustechnikkombination

Wohnungslüftungssystem mit Wärmerückgewinnung und nachgeschalteter Luft-Luft-Wärmepumpe. Die Wärmeverteilung erfolgt über die Zuluftkanäle der Lüftungsanlage. Warmwasser liefert eine in das Lüftungssystem integrierte Trinkwasserwärmepumpe.

System
Gesamt-Anlage: Proxon-Lüftungsheizung

Investition Haustechnik incl. Montage
26.448 Euro incl. MwSt. 16%

berechnete Verbrauchskosten:
871 Euro pro Jahr incl. MwSt.

tatsächliche Verbrauchskosten:
607 Euro pro Jahr incl. MwSt.

(Quelle, Fa. Zimmermann Lüftungs- und Wärmesysteme GmbH)

EnEV – Haus Bünde

183 m² Wohnfläche, teilunterkellertes Einfamilienhaus, gebaut 2005

Gebäudehülle

	U-Werte (W/m²K)
Außenwand	0,18
Dach	0,22
Decke	0,21
Bodenplatte	0,32
Fenster	1,40 (g-Wert 0,65)

Haustechnikkombination

Erdwärmepumpe mit Wärmerückgewinnung aus der Abluft in den Solekreislauf. Wärmeverteilung über Fußbodenheizung.

System
Erdwärmepumpe: Nibe Figther 1210-7 mit integriertem Warmwasserspeicher

Investition Haustechnik incl. Montage
25.216 Euro incl. MwSt. 16 %

berechnete Verbrauchskosten:
780 Euro pro Jahr incl. MwSt.

tatsächliche Verbrauchskosten:
680 Euro pro Jahr incl. MwSt.

(Quelle, Dipl.-Ing. Rolf Schmidt – Architekt)

EnEV – Haus Magdeburg

135 m² Wohnfläche, unterkellertes Einfamilienhaus, gebaut 2005

Gebäudehülle

	U-Werte (W/m²K)
Außenwand	0,22
Dach	0,22
Decke	0,21
Bodenplatte	0,32
Fenster	1,40 (g-Wert 0,65)

Haustechnikkombination

Zentrale Wohnungslüftung mit aktiver Wärmerückgewinnung durch Luft-Luft-Wärmepumpe mit zentraler Zu- und Abluftverteilung.
Zentrale Brauchwasserbereitung über Luft-Wasser-Wärmepumpe.
Zusatzheizung: Elektrische Fußbodenstrahlungsheizung mit Teilspeicherfunktion.

System

Luft-Luft-Wärmepumpe: ALDES Temperation H Luft-Wasser-Wärmepumpe TEMPRIES Aqua Zusatzheizung: TEMPRIES Floor.

Investition Haustechnik incl. Montage
21.266,00 Euro incl. MwSt. 16 %

berechnete Verbrauchskosten:
744 Euro pro Jahr incl. MwSt.

tatsächliche Verbrauchskosten:
601 Euro pro Jahr incl. MwSt.

(Quelle, Fa. ALDES)

KfW 60 – Haus Holzkirchen

EFH 163 m² Wohnfläche, Keller innerhalb der thermischen Gebäudehülle, gebaut 2002

Gebäudehülle

	U-Werte (W/m²K)
Außenwand	0,22
Dach	0,15
Decke	0,21
Bodenplatte	0,18
Fenster	1,40 (g-Wert 0,65)

Haustechnikkombination

Sole-Wärmepumpe mit Flachkollektor und Wandheizung zum Heizen und Warmwasserbereiten. Bedarfsabhängige Wohnungslüftung mit Rotationswärmeaustauscher mit Reglung der Raumluftfeuchte.

System

Sole-Wärmepumpe: Hoval Thermalia 10P mit 280 m² Erdkollektorfläche und Warmwasserboiler 400 ltr.
Lüftung: Hoval HomeVent RS-250

Investition Haustechnik incl. Montage
27.126 Euro incl. MwSt. 16 %

berechnete Verbrauchskosten:
674 Euro pro Jahr incl. MwSt.

tatsächliche Verbrauchskosten:
483 Euro pro Jahr incl. MwSt.

(Quelle, Fa. Hoval (Deutschland) GmbH)

KfW 60 – Haus Westerheim

246 m² Wohnfläche, nicht unterkellertes Einfamilienhaus, gebaut 2004

Gebäudehülle

	U-Werte (W/m²K)
Außenwand	0,21
Dach	0,15
Decke	0,18
Bodenplatte	0,23
Fenster	1,10 (g-Wert 0,60)

Haustechnikkombination

Gasbrennwertkessel mit Warmwasserbereitung und Solareinbindung. Wohnungslüftung dezentral mit Wärmerückgewinnung, Fußbodenheizung im Erdgeschoss, Heizkörper im Obergeschoss.

System

Gasbrennwertkessel: Paradigma Modula II,
Leistung 4,6-21,4 kW
Lüftung: LTM Thermo-Lüfter
Solar: Paradigma Star Azzuro Vakuumröhren

Investition Haustechnik incl. Montage

26.796 Euro	incl. MwSt. 16 %

berechnete Verbrauchskosten:

920 Euro	pro Jahr incl. MwSt. (Preisbasis Jahr 2005)

tatsächliche verbraucht (2005):

1.140 Euro	pro Jahr incl. MwSt.

(Quelle, Fa. LTM GmbH)

KfW 60 – Haus Ravensburg

145 m² Wohnfläche, nicht unterkellertes Einfamilienhaus, gebaut 2005

Gebäudehülle

	U-Werte (W/m²K)
Außenwand	0,12
Dach	0,11
Bodenplatte	0,14
Fenster	1,30 (g-Wert 0,63)

Haustechnikkombination

Wohnungslüftungssystem mit Wärmerückgewinnung über Kreuz-Gegenstrom-Wärmeaustauscher und Luft/Wasser-Wärmepumpe mit zentraler Zuluftzuführung für Heizung und Warmwasser. Wärmeverteilung durch Fußbodenheizung.

System
Lüftungskompaktgerät: tecalor THZ 303 SOL

Investition Haustechnik incl. Montage
25.520 Euro incl. MwSt. 16%

berechnete Verbrauchskosten:
420 Euro pro Jahr incl. MwSt.

tatsächliche Verbrauchskosten:
390 Euro pro Jahr incl. MwSt.

(Quelle, Fa. tecalor)

KfW 60 – Haus Rheinhausen

164 m² Wohnfläche, nicht unterkellertes Einfamilienhaus, gebaut 2005

Gebäudehülle

	U-Werte (W/m²K)
Außenwand	0,17
Dach	0,16
Decke	0,15
Bodenplatte	0,35
Fenster	1,10 (g-Wert 0,55)

Haustechnikkombination

Wohnungslüftungssystem mit Wärmerückgewinnung und nachgeschalteter Luft-Luft-Wärmepumpe. Die Wärmeverteilung erfolgt über die Zuluftkanäle der Lüftungsanlage. Warmwasser liefert eine in das Lüftungssystem integrierte Trinkwasserwärmepumpe.

System

Gesamt-Anlage: Proxon-Lüftungsheizung

Investition Haustechnik incl. Montage

26.448 Euro incl. MwSt. 16 %

berechnete Verbrauchskosten:

761 Euro pro Jahr incl. MwSt.

tatsächliche Verbrauchskosten:

572 Euro pro Jahr incl. MwSt.

(Quelle, Fa. Zimmermann Lüftungs-und Wärmesysteme GmbH)

KfW 60 – Haus Seershausen

145 m² Wohnfläche, nicht unterkellertes Einfamilienhaus, gebaut 2005/2006

Gebäudehülle

	U-Werte (W/m²K)
Außenwand	0,14
Dach	0,15
Decke	0,15
Bodenplatte	0,18
Fenster	1,10 (g-Wert 0,60)

Haustechnikkombination

Gasbrennwertkessel mit Warmwasserbereitung und Solareinbindung, Wohnungslüftung mit Kreuzgegenstromwärmeaustauscher. Fußbodenheizung im Erdgeschoss, Heizkörper im Obergeschoss.

System
Gasbrennwertkessel: Buderus GB 142-15 KW
Lüftung: Zehnder Comfoair G90-300B
Solar: Schüco Premium Schücosol

Investition Haustechnik incl. Montage
21.948 Euro incl. MwSt. 16 %

berechnete Verbrauchskosten:
654 Euro pro Jahr incl. MwSt.

tatsächliche Verbrauchskosten:
582 Euro pro Jahr incl. MwSt.

(Quelle, Dipl.-Ing. Rolf Schmidt – Architekt)

KfW 60 – Haus Neubrunnn

190 m² Wohnfläche, freistehendes Einfamilienhaus unterkellert, gebaut 2006/07

Gebäudehülle

	U-Werte (W/m²K)
Außenwand	0,21
Dach	0,2
Bodenplatte	0,27
Fenster	1,0 (g-Wert 0,65)

Haustechnikkombination

Luft-Wasser-Wärmepumpe zum Heizen in Verbindung mit Fußbodenheizung und zur Warmwasserbereitung. Zentrales Wohnraumlüftungsgerät mit Rotationswärmeübertrager und vorgeschaltetem Heiz-/Kühlregister gespeist von Sole-Erdwärmeübertrager mit Pumpengruppe.

System

Luft-Wasser-Wärmepumpe: Alpha Innotec WZL 80 mit 290 l Warmwasserspeicher. Wohnraumlüftungsgerät inkl. Erdwärmeübertrager: Systemair GmbH VR 400 EV/EC

Investition Haustechnik incl. Montage

26.580 Euro incl. MwSt. 19 %

berechnete Verbrauchskosten:

1.185 Euro pro Jahr incl. MwSt.

tatsächliche Verbrauchskosten:

916 Euro pro Jahr incl. MwSt.

(Quelle, Fa. Systemair GmbH)

KfW 60 - Haus Assamstadt

220 m^2 Wohnfläche zzgl. 45 m^2 unbeheizter Keller, freistehendes Einfamilienhaus mit Einliegerwohnung, gebaut 2008

Gebäudehülle

	U-Werte (W/m^2K)
Außenwand	0,26
Dach	0,167
Bodenplatte	0,17/0,22
Fenster	1,3 (g-Wert 0,60)

Haustechnikkombination

Sole Wärmepumpe mit Flächenkollektor und FBH zum Heizen und Warmwasserbereitung. Bedarfsabhängige Wohnungslüftung mit Rotationswärmeübertrager und Sole-Erdwärmeübertrager.

Systeme

Sole Wärmepumpe:
Dimplex Si11TE mit 400m^2 Erdkollektorfläche und 400l WW-Speicher
Lüftung: Systemair VR-700 E/EC mit Sole-Erdwärmeübertrager

Investition Haustechnik incl. Montage
26.350 Euro incl. MwSt. 19 %

berechnete Verbrauchskosten:
1.041 Euro pro Jahr incl. MwSt.

tatsächliche Verbrauchskosten:
924 Euro pro Jahr incl. MwSt.

(Quelle, Firma Systemair GmbH)

KfW 60 - Haus Usingen

Bezugsfläche 520 m² inclusive Keller, gebaut 2009

Gebäudehülle

	U-Werte (W/m²K)
Außenwand	0,26
Dach	0,19
Decke	0,11
Bodenplatte	0,3
Fenster	1,1 (g-Wert 0,65)

Haustechnikkombination

Kombinierte Sole-Wasser Wärmepumpe mit Lüftung zum Heizen, Kühlen, Warmwasserversorgung, Fußbodenheizung.
Lüftung mit integriertem Solewärmetauscher und Feuchterückgewinnung gegen zu trockene Luft im Winter.

System

Zehnder Energiezentrale ComfoBox 5 - 13 KW
Lüftungsanlage Zehnder ComfoAir 550

Investition Haustechnik incl. Montage

39.000 Euro incl. MwSt. 19 %

berechnete Verbrauchskosten:

1.500 Euro pro Jahr incl. MwSt.

(Quelle, Fa. Zehnder GmbH)

Passiv - Haus Viernheim

sanierte denkmalgeschützte Scheune, 220 m² Wohnfläche, teilunterkellert außerhalb der thermischen Gebäudehülle, gebaut 1997-2000

Gebäudehülle

	U-Werte (W/m²K)
Außenwand	0,12-0,15
Dach	0,09
Bodenplatte	0,14
Fenster	0,80 (g-Wert 0,45)

Haustechnikkombination

Gasbrennwerttherme mit Warmwasserbereitung mit Solareinbindung und Wärmeverteilung über Heizkörper. Wohnungslüftungssystem mit Wärmerückgewinnung. Erdwärmeaustauscher 25 m.

System
Gasbrennwertgerät: Buderus GB 112
Solar: Buderus Logasol Topas
Lüftung: Temovex Jovex 450-220 DC

Investition Haustechnik incl. Montage
33.640 Euro incl. MwSt. 16 %

berechnete Verbrauchskosten:
370 Euro pro Jahr incl. MwSt.

tatsächliche Verbrauchskosten:
350 Euro pro Jahr incl. MwSt.

(Quelle, ebz Energieberatungszentrum Süd)

KfW 40 – Haus Helmstedt

136 m² Wohnfläche, nicht unterkellertes Einfamilienhaus, gebaut 2003

Gebäudehülle

	U-Werte (W / m²K)
Außenwand	0,14
Dach	0,15
Decke	0,15
Bodenplatte	0,18
Fenster	1,10 (g-Wert 0,60)

Haustechnikkombination

Pelletkesselanlage mit Solareinbindung für Heizung und Warmwasser. Wohnungslüftung – Abluftanlage ohne Wärmerückgewinnung. Wärmeverteilung mit Heizkörper im Erd- und Obergeschoss.

System

Pelletkessel: Herz, Pelletstar, Speicher: Pro Solar, Duo 750
Solar: Pro Solar Eco-Plus, Lüftung: Fresh

Investition Haustechnik incl. Montage

24.244 Euro incl. MwSt. 16 %

berechnete Verbrauchskosten:

910 Euro pro Jahr incl. MwSt.

tatsächliche Verbrauchskosten:

670 Euro pro Jahr incl. MwSt.

(Quelle, Dipl.-Ing. Rolf Schmidt – Architekt)

KfW 40 – Passivhaus Halfing

121 m² Wohnfläche, freistehendes Einfamilienhaus, gebaut 2004

Gebäudehülle

	U-Werte (W/m²K)
Außenwand	0,11
Dach	0,11
Bodenplatte	0,11
Fenster	0,8 (g-Wert 0,60)

Haustechnikkombination

Heizung-Warmwasser-Lüftung. Wohnungslüftungssytem mit Wärmerückgewinnung über Kreuz-Gegenstrom-Wärmeaustauscher und Luft/Wasser-Wärmepumpe mit zentraler Zuluftzuführung für Heizung und Warmwasser. Wärmeverteilung durch Fußbodenheizung.

System

Lüftungskompaktgerät: tecalor THZ 303 SOL

Investition Haustechnik incl. Montage

25.520 Euro incl. MwSt. 16 %

berechnete Verbrauchskosten:

12 x 35 = 420 Euro pro Jahr incl. MwSt.

tatsächliche Verbrauchskosten:

390 Euro pro Jahr incl. MwSt.

(Quelle, Fa. tecalor)

Passiv – Haus Crimmitschau

240 m² Wohnfläche, Keller innerhalb der thermischen Gebäudehülle
gebaut 2004/2005

Gebäudehülle

	U-Werte (W/m²K)
Außenwand	0,11
Dach	0,12
Decke	0,13
Bodenplatte	0,13
Fenster	0,75 (g-Wert 0,52)

Haustechnikkombination

Wohnungslüftungssystem mit Wärmerückgewinnung. Erdwärmeaustauscher 30 m. Sole-Wasser-Wärmepumpe. 1 Erdsonde 80 m tief. 5 m² Flachkollektor für Warmwasser. Zuluftbeheizung und partiell Fußbodentemperierung. Fotovoltaik 16 m².

System
Lüftung: Aerex RecoBoxx Comfort
Heizung/Warmwasser: Viessmann Vitocal 343

Investition Haustechnik incl. Montage (ohne Fotovoltaik)
34.220 Euro incl. MwSt. 16 %

berechnete Verbrauchskosten:
290 Euro pro Jahr incl. MwSt.

tatsächliche Verbrauchskosten:
280 Euro pro Jahr incl. MwSt.

(Quelle , Fa. Aerex HaustechnikSysteme GmbH)

Passivhäuser Darmstadt

110–165 m² Wohnfläche, nicht unterkellerte Reihenhäuser, gebaut in Abschnitten von 2004–2006

Gebäudehülle

	U-Werte (W/m²K)
Außenwand	0,114–0,086
Dach	0,134
Bodenplatte	0,11
Fenster	0,80 (g-Wert 0,50)

Haustechnikkombination

Wohnungslüftungs- und Wärmerückgewinnungssystem mit zentraler Frischluftzufuhr pro Haus. Nacherwärmung der Luft über Fernwärme (Anschlusszwang), Erwärmung Warmwasser über Solarkollektoren und 300 l-Speicher, Nacherwärmung mit Fernwärme.

System
Lüftung: Vallox KWL 90 SE, Heinemann GmbH
Solar und Speicher: Sonnenkraft

Investition Haustechnik incl. Montage
ca. 23.200 Euro incl. MwSt. 16 %

berechnete Verbrauchskosten:
zw. 350 und 520 Euro pro Jahr incl. MwSt.

tatsächliche Verbrauchskosten:
zw. 160 und 360 Euro pro Jahr incl. MwSt.

(Quelle, Fa. Heinemann GmbH, Dießen; Bauherr: ABG FRANKFURT HOLDING GmbH, Frankfurt; Konzeption, Planung & Ausführung: faktor 10 GmbH, Darmstadt)

KfW 40 – Haus Limburg

165 m² Wohnfläche, nicht unterkellertes Einfamilienhaus, gebaut 2008

Gebäudehülle

	U-Werte (W/m²K)
Außenwand	0,17
Dach	0,20
Bodenplatte	0,32
Fenster	1,40 (g-Wert 0,65)

Haustechnikkombination

Wohnungslüftungssystem mit Wärmerückgewinnung und nachgeschalteter Luft-Luft-Wärmepumpe. Die Wärmeverteilung erfolgt über die Zuluftkanäle der Lüftungsanlage. Warmwasser liefert eine in das Lüftungssystem integrierte Trinkwasserwärmepumpe.

System

Gesamt-Anlage: Proxon-Lüftungsheizung

Investition Haustechnik incl. Montage

28.700 Euro incl. MwSt. 19 %

berechnete Verbrauchskosten:

914 Euro pro Jahr incl. MwSt.

tatsächliche Verbrauchskosten:

754 Euro pro Jahr incl. MwSt.

(Quelle, Fa. Zimmermann Lüftungs- und Wärmesysteme GmbH)

Passivhaus – DH Maisenbühl

135 m² Wohnfläche, Angaben Doppelhaushälfte, gebaut 2008
Bauort: Am Maisenbühl 14, Stockach

Gebäudehülle

	U-Werte (W/m²K)
Außenwand	0,14
Dach	0,108
Bodenplatte	0,11
Fenster	0,80 (g-Wert 0,61)

Haustechnikkombination

Wohnungslüftungssystem mit Wärmerückgewinnung 85%. Sole-Wasser-Wärmepumpe mit Solekörbe 9 Stück.

System
Lüftung: Aerex Reco Boxx Comfort, Heizung/Warmwasser: Thermia Diplomat 4

Investition Haustechnik incl. Montage
26.000 Euro incl. MwSt. 19%

berechnete Verbrauchskosten:
105 Euro pro Jahr incl. MwSt.

tatsächliche Verbrauchskosten:
95 Euro pro Jahr incl. MwSt.

(Quelle, Fa. Aerex HaustechnikSysteme GmbH, PassivBau GmbH – Stockach)

Passivhaus – Messmer

139 m² Wohnfläche, freistehendes Einfamilienhaus, gebaut 2008
Bauort: Buchenweg 6, Trossingen

Gebäudehülle

	U-Werte (W/m²K)
Außenwand	0,10
Dach	0,108
Bodenplatte	0,11
Fenster	0,80 (g-Wert 0,61)

Haustechnikkombination

Wohnungslüftungssystem mit Wärmerückgewinnung 85 %. Sole-Wasser-Wärmepumpe mit Solekörbe 9 Stück.

System
Lüftung: Aerex Reco Boxx Comfort
Heizung/Warmwasser: Thermia Diplomat 4H mit Kühlung

Investition Haustechnik incl. Montage
26.000 Euro incl. MwSt. 19 %

berechnete Verbrauchskosten:
135 Euro pro Jahr incl. MwSt.

tatsächliche Verbrauchskosten:
120 Euro pro Jahr incl. MwSt.

(Quelle, Fa. Aerex HaustechnikSysteme GmbH, PassivBau GmbH – Stockach)

Altbausanierung mit Passivhauskomponenten Frankfurt am Main – Tevesstraße

50–100 m² Wohnfläche, Altbauten aus den 50er Jahren, Sanierung von 2005–2006

Gebäudehülle

	U-Werte (W / m²K)
Außenwand	0,122 (Bestand) und 0,093 (Dachgeschoss)
Dach	0,106
Kellerdecke	0,174
Fenster	0,84

Haustechnikkombination

Wohnungslüftungs- und Wärmerückgewinnungssystem mit zentraler Frischluftzufuhr pro Wohnung, Gas-Brennwerttechnik für Heizung und Warmwasser, Solarthermische Kollektoren, Dreischeibenfenster mit wärmegedämmten Rahmen, 26–35 cm Außendämmung und Kellerdeckendämmung, selbstverriegelnde, wärmegedämmte Haustüren runden das energetische Sanierungskonzept mit passivhaustauglichen Komponenten ab.

System

Lüftung: Vallox KWL 90 SE, Heinemann GmbH

Heizung: Nachheizregister hinter der Lüftungsanlage, Heizkörper im Bad

Investition Haustechnik incl. Montage

628.000 Euro incl. MwSt. 16 %

berechnete Verbrauchskosten:

1,19 Euro/m² pro Wohnfläche pro Jahr incl. MwSt.

tatsächliche Verbrauchskosten:

1,09 Euro/m² pro Wohnfläche bei 21,8 ° Raumtemperatur pro Jahr incl. MwSt.

(Quelle, Fa. Heinemann GmbH, Dießen; Bauherr: ABG FRANKFURT HOLDING GmbH, Frankfurt; Konzeption, Planung & Ausführung: faktor10 GmbH, Darmstadt)

5 Grundlagen und Erläuterungen

5.1 Energieeinsparverordnung (EnEV 2009)

Die erste Energieeinsparverordnung von 2002 stellt die energetische Bewertung auf der Grundlage des Energieeinspargesetzes aus dem Jahr 1977 von Neubauten und Bauen im Bestand in den Mittelpunkt der Betrachtung und fasst die früher gültige Wärmeschutz- und Heizungsanlagenverordnung in einem integralen Gesamtsystem zusammen. Sie wurde inzwischen mehrfach überarbeitet und seit dem 1. Okt. 2009 ist die aktuelle Ausgabe EnEV 2009 in Kraft.

Im Sinne einer ganzheitlichen Planung von Baukonstruktion und Haustechnik sind Gebäudeentwurf und -gestaltung, Baukonstruktion und Statik, Brand- und Wärmeschutz und die Gebäudedichtheit auf der einen, sowie die Haustechniksysteme mit Heizung, Warmwasserbereitung, Lüftung und Solar auf der anderen Seite im Zusammenhang zu betrachten. Eine energieeffiziente Heizung mit Wärmerückgewinntechnik und/oder Solar kann beispielsweise einen geringeren Dämmstandard in Dach und Wand – bei Einhaltung festgelegter Mindestanforderungen – ausgleichen und umgekehrt.

Wie tickt die EnEV 2009 bei der Haustechnik?

Der nachzuweisende Jahres-Primärenergiebedarf des geplanten und zu bauenden Hauses darf den Höchstwert eines entsprechenden **Referenzgebäudes** nach der aktuellen EnEV 2009 nicht überschreiten.

Er errechnet sich aus:

(Jahresheizwärmebedarf + Trinkwasserwärmebedarf) x Aufwandzahl
Q_h in kWh/(m²a) Q_{tw} in kWh/(m²a) e_p als Faktor

Danach ergibt sich beispielsweise ein Primärenergiebedarf beim gewählten Referenzhaus bei einer Haustechnik mit:

- Gasbrennwert, mit Wohnungslüftung und Wärmerückgewinnung

  von (56,86 + 12,50) x 1,05 = 73,08 kWh/(m²a)

- Erdwärmepumpe, Wohnungslüftung mit Wärmerückgewinnung und Solar

  von (55,87 + 12,50) x 0,56 = 38,28 kWh/(m²a)

Über den Faktor Aufwandzahl wird die energetische Qualität der Haustechnik abgebildet. Je kleiner der Faktor, je effizienter arbeitet das System.

Das heißt, allein durch eine intelligente Auswahl bei der Haustechnik lässt sich der Primärenergiebedarf, wie in diesem konkreten Fall, um 47 % reduzieren.

Die wichtigsten Begriffe der EnEV 2009 und deren Bedeutung auf einen Blick:

- Die **Gebäudenutzfläche An** in m^2 ist nicht die Wohnfläche des Gebäudes, sondern das beheizte Gebäudevolumen multipliziert mit dem Faktor 0,32 bildet die Bezugsfläche für den Jahresheizwärme-, Warmwasser-, Primär- und Endenergiebedarf.
- Der **Transmissionswärmeverlust H_t** in $W/(m^2a)$ ist der auf die Gebäudehülle bezogene Wärmeverlust durch Außenwände, Dachflächen, Fenstern etc. und darf den zulässigen Höchstwert nach EnEV 2009, gem. § 3 und Anlage 1, Tabelle 2 – beim Referenzhaus beispielsweise 0,40 $W/(m^2a)$ – nicht überschreiten.
- Der **Jahresheizwärmebedarf Q_h** in $kWh/(m^2a)$ entspricht als jährlicher Bedarf an Nutzwärme der Wärmeabgabe der Heizkörper oder Fußbodenheizung. Er setzt sich aus den Wärmeverlusten über die Gebäudehülle und aus der Belüftung des Gebäudes zusammen. Solare Gewinne aus der Erwärmung über die Fensterflächen und internen Gewinne durch die Wärmeabgabe der Bewohner werden entsprechend berücksichtigt und gegen gerechnet.
- Der für **Trinkwasserwärmebedarf Q_w** ist gemäß DIN 4701-10 mit pauschal 12,5 $kWh/(m^2a)$ festgelegt.
- Die **Aufwandzahl e_p** beschreibt als Faktor die energetische Qualität des gesamten Haustechniksystems mit Heizung, Lüftung, Warmwasserbereitung, Wärmeverteilung etc. einschließlich der Vorkette zur Gewinnung und Bereitstellung des jeweiligen Energieträgers. Multipliziert mit der Summe aus Jahresheizwärme und Trinkwarmwasserbedarf ergibt sich der Jahresprimärenergiebedarf des Gebäudes.
- Der zu berechnende **Jahresprimärenergiebedarf Q_p** in kWh/m^2a für die Heizung, Warmwasserbereitung, Lüftung und eventuelle Kühlung darf den Primärenergiewert eines **Referenzgebäudes** gleicher Geometrie, Gebäudenutzfläche und Ausrichtung gem. § 3 der EnEV 2009 mit den in Anlage 1, Tabelle 1 im Detail vorgegebenen technischen Einzelwerten für die Konstruktion der Gebäudehülle sowie die ebenfalls vorgegebenen haustechnischen Systeme wie Heizung, Warmwasserbereitung, Solareinbindung und Wohnungslüftung nicht überschreiten.
- Beim Einsatz von **Kühlung** z. B. mit Raumklimageräten oder Wohnungslüftungsanlagen ist der berechnete Jahresprimärenergiebedarf um 15,6 $kWh/(m^2a)$ zu erhöhen.
- **Ergänzender Hinweis:**

  Für die EnEV 2009 kann auch das alternative Berechnungsverfahren nach DIN V 18599 verwendet werden. Die Ergebnisse der Berechnungen nach DIN 4108/DIN V 4701-10 (Berechnungsgrundlage dieses Buches) und die der Alternative nach DIN V 18599 unterscheiden sich. Daher sind sowohl die nach Referenzgebäude zu ermittelnden Anforderungen als auch die erforderlichen Nachweise des geplanten Gebäudes stets mit dem gleichen Berechnungsverfahren zu ermitteln.

5.2 Erneuerbare-Energien-Wärmegesetz (EEWärmeG)

Das Bundesgesetz ist seit dem 1. Januar 2009 in Kraft und gilt ausschließlich für den Neubaubereich. Der Bund hat den einzelnen Bundesländern zugestanden, bis dato nur in Baden-Württemberg umgesetzt, eigene Wärmegesetze für Bestandsbauten (Altbau) zu erlassen.

Zweck der Gesetze ist es, das Klima zu schützen, fossile Ressourcen zu schonen, die Abhängigkeiten von Energieimporten zu mindern und eine nachhaltige Entwicklung der Energieversorgung zu ermöglichen sowie die Weiterentwicklung von Technologien zur Erzeugung von Wärme aus erneuerbaren Energien zu fördern.

Erneuerbare Energien im Sinne der Gesetze sind neben anderen Solarthermie (z. B. Sonnenkollektoren, Geothermie (z. B. Wärmepumpen), Umweltwärme und Biomasse und die Bauherren sind zur anteiligen Nutzung bezogen auf den Wärmeenergiebedarf nach Maßgabe des jeweils anzuwendenden Wärmegesetzes gemäß § 5 verpflichtet.

Die Nutzungspflicht gilt ebenfalls als erfüllt, wenn durch sogenannte Ersatzmaßnahmen der Höchstwert des Jahresprimärenergiebedarfs und der Dämmqualität der Gebäudehülle nach der aktuellen Energieeinsparverordnung um mindestens 15 Prozent unterschritten werden.

Weitere Informationen unter www.erneuerbare-energien.de/inhalt/40508/

5.3 Baukonstruktion der Gebäudehülle

Die nachfolgend skizzierten Konstruktionsaufbauten der Gebäudehüllenbauteile Dachkonstruktion, Kehlbalken, Außenwand und Bodenplatte bilden die Grundlagen für die energetischen Berechnungen des Referenzhauses als Neubau und als einen auf EnEV 2009 sanierter Altbau.

5.3.1 Systemdetails – Neubau

Die Dämmwerte der skizzierten Gebäudehüllen liegen, bezogen auf das Referenzhaus, 15 % unter den geforderten Höchstwerten nach EnEV 2009. Dadurch sind die Vorteile aus internen und solaren Gewinnen und die Wirksamkeit von Wärmerückgewinnen aus der Abluft erhöht nutzbar und die Anforderungen aus dem EEWärmeG sind über die Ersatzmaßnahme abgedeckt.

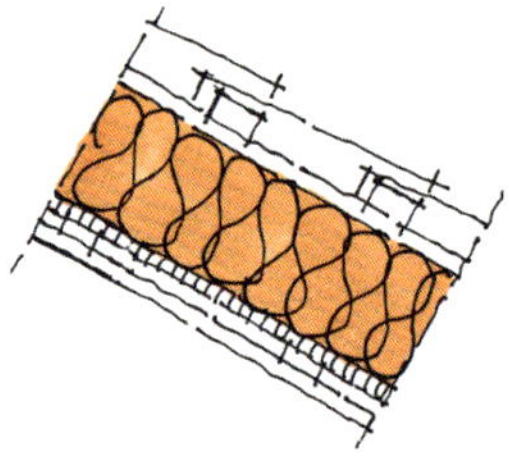

Dachschräge
von innen nach außen:

Gipskarton 12,5 mm
OSB-Platte 15 mm
Sparren KVH 60 / 200 mm
bzw. Mineralwolle 035 d = 200 mm
Unterspannbahn s_d < 0,02 m
Konterlattung
Dachlattung 30 / 50 mm

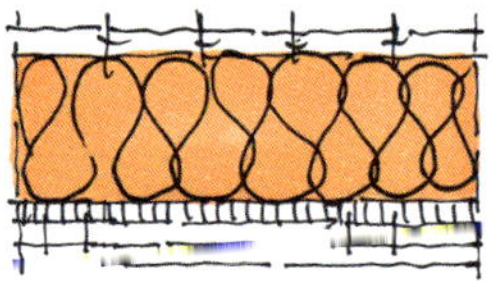

Oberste Geschoßdecke / Kehlbalken
von unten nach oben:

Gipskarton 12,5 mm
Lattung 60 / 40 mm
OSB-Platte 15 mm
Kehlbalken KVH 60 / 200 mm
bzw. Mineralwolle 035 d = 200 mm
Rauhspund 24 mm

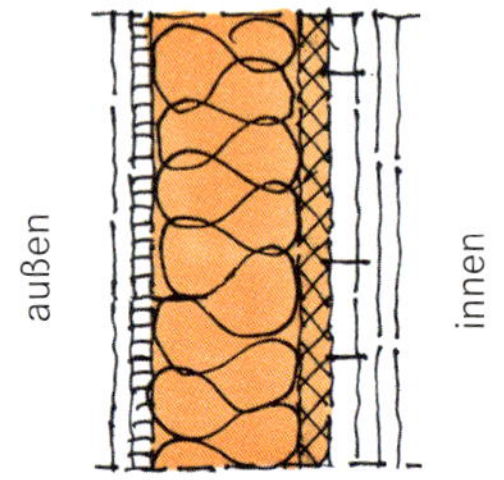

Außenwand Holzbau
von innen nach außen:

Gipskartonplatte 12,5 mm
OSB-Platte 15 mm
Holzständerwerk KVH 60 / 200 mm
bzw. Mineralwolle 035 d = 200 mm
Holzfaserplatte 40 mm
Lattung 24 / 48 mm
Boden- / Deckelschalung

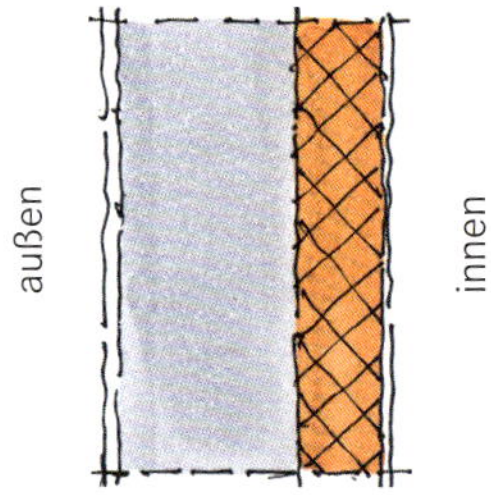

Außenwand Massivbau
von innen nach außen:

Innenputz
Ziegelmauerwerk 0,12 d = 240 mm
Wärmedämmverbundsystem
035 d = 120 mm

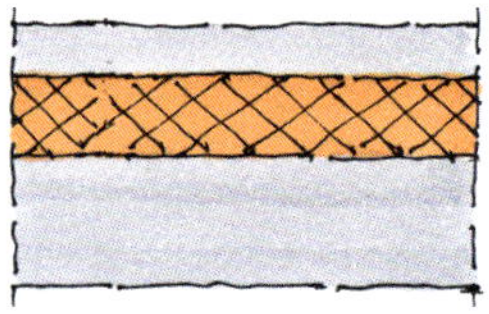

Bodenplatte
von oben nach unten:

Bodenbelag
Estrich 70 mm
Polystyrolhartschaum 035 d = 100 mm
Bodenplatte 180 mm

Bild 22 Systemdetails Neubau – EnEV 2009

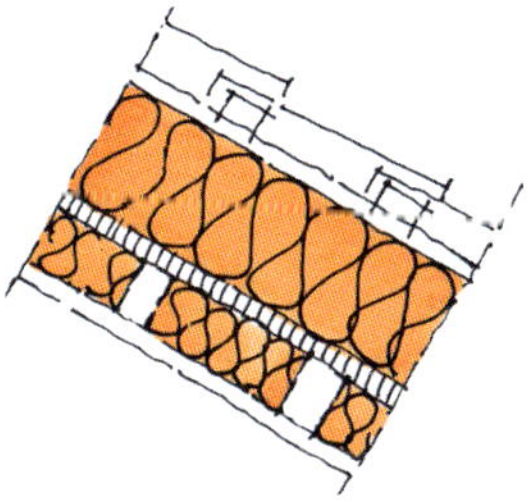

Dachschräge
von innen nach außen:

Gipskarton 12,5 mm
Lattung KVH 60 / 100 mm
bzw. Mineralwolle 035 d = 100 mm
OSB-Platte 15 mm
Sparren KVH 60 / 200 mm
bzw. Mineralwolle 035 d = 200 mm
Unterspannbahn $s_d < 0{,}02$ m
Konterlattung
Dachlattung 30 / 50 mm
Dacheindeckung

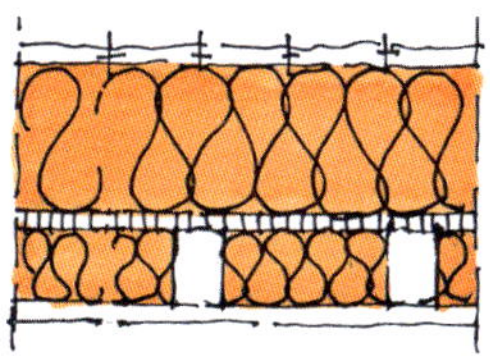

Oberste Geschossdecke / Kehlbalken
von unten nach oben:

Gipskarton 12,5 mm
Lattung KVH 60 / 100 mm
bzw. Mineralwolle 035 d = 100 mm
OSB-Platte 15 mm
Kehlbalken KVH 60 / 200 mm
bzw. Mineralwolle 035 d = 200 mm
Rauhspund 24 mm

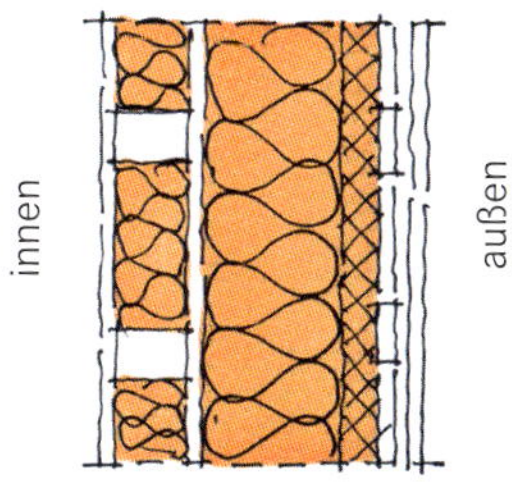

Außenwand Holzbau
von innen nach außen:

Gipskartonplatte 12,5 mm
Lattung KVH 60 / 100 mm
bzw. Mineralwolle 035 d = 100 mm
OSB-Platte 15 mm
Holzständerwerk KVH 60 / 200 mm
bzw. Mineralwolle 035 d = 200 mm
Holzfaserplatte 40 mm
Lattung 24 / 48 mm
Boden- / Deckelschalung

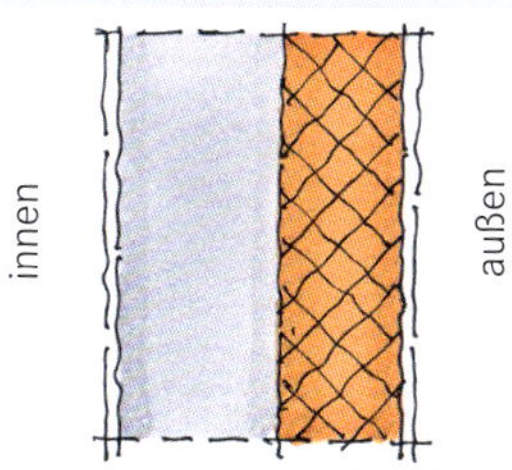

Außenwand Massivbau
von innen nach außen:

Innenputz
Ziegelmauerwerk
0,12 d = 240 mm
Wärmedämmverbundsystem
035 d = 180 mm

Bodenplatte
von oben nach unten:

Bodenbelag
Estrich 70 mm
Polystyrolhartschaum
035 d = 100 mm
Abdichtung nach DIN 18195
Bodenplatte 180 mm
Perimeterdämmung d = 100 mm

Bild 23 Systemdetails Neubau – KfW Effizienzhaus 70

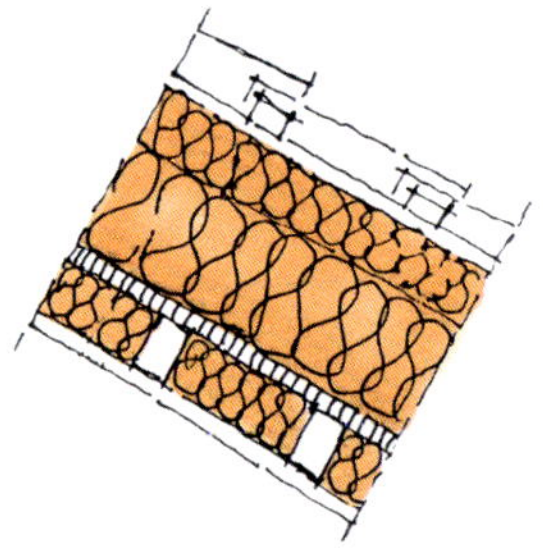

Dachschräge
von innen nach außen:

Gipskarton 12,5 mm
Lattung KVH 60 / 100 mm
bzw. Mineralwolle 035 d = 100 mm
OSB-Platte 15 mm
Sparren KVH 60 / 200 mm
bzw. Mineralwolle 035 d = 200 mm
Lattung KVH 60 / 100 mm
bzw. Mineralwolle 035 d = 200 mm
Unterspannbahn s_d < 0,02 m
Konterlattung, Dachlattung 30 / 50 mm
Dacheindeckung

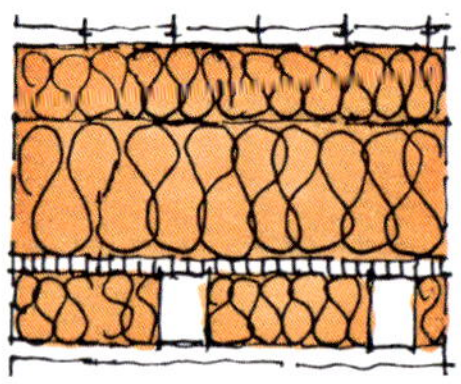

Oberste Geschossdecke / Kehlbalken
von unten nach oben:

Gipskarton 12,5 mm
Lattung KVH 60 / 100 mm
bzw. Mineralwolle 035 d = 100 mm
OSB-Platte 15 mm
Kehlbalken KVH 60 / 200 mm
bzw. Mineralwolle 035 d = 200 mm
Lattung KVH 60 / 100 mm
bzw. Mineralwolle 035 d = 100 mm
Rauhspund 24,5 mm

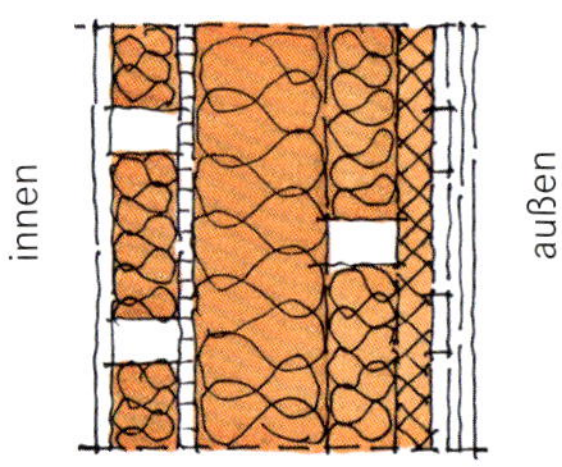

Außenwand Holzbau
von innen nach außen:

Gipskarton 12,5 mm
Lattung KVH 60 / 100 mm
bzw. Mineralwolle 035 d = 100 mm
OSB-Platte 15 mm
Holzständerwerk KVH 60 / 200 mm
bzw. Mineralwolle 035 d = 200 mm
Lattung KVH 60 / 100 mm
bzw. Mineralwolle 035 d = 100 mm
Holzfaserplatte 40 mm, Lattung 24 / 48 mm
Boden- / Deckelschalung

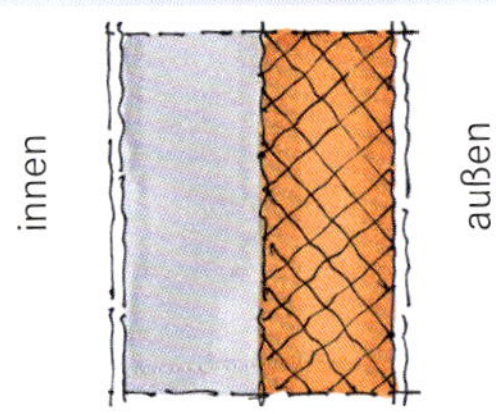

Außenwand Massivbau
von innen nach außen:

Innenputz
Ziegelmauerwerk
0,12 d = 240 mm
Wärmedämmverbundsystem
035 d = 240 mm

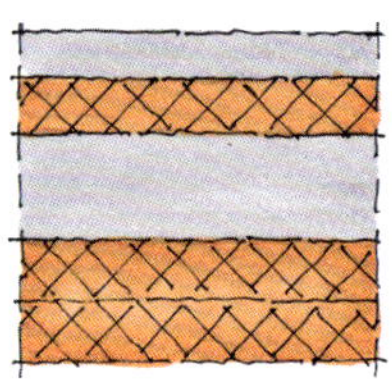

Bodenplatte
von oben nach unten:

Bodenbelag
Estrich 70 mm
Polystyrolhartschaum
035 d = 100 mm
Abdichtung nach DIN 18195
Bodenplatte 180 mm
Perimeterdämmung 2x d = 100 mm

Bild 24 Systemdetails Neubau – KfW Effizienzhaus 55

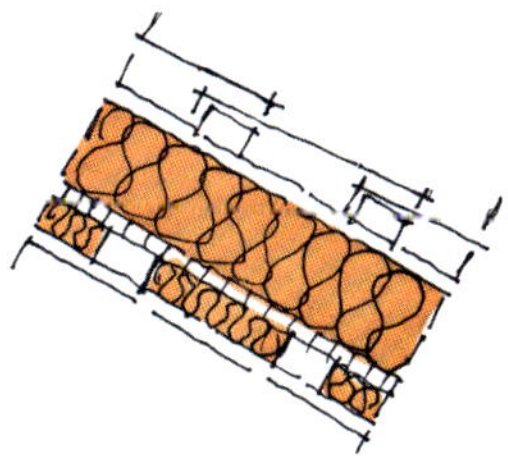

Dachschräge
von innen nach außen:

Gipskarton 12,5 mm
Lattung 40 / 60
bzw. Mineralwolle 035 d = 40 mm
OSB-Platte 15 mm
vorhandene Dachsparren 140 mm
bzw. Mineralwolle 035 d = 140 mm
Unterspannbahn $s_d < 0{,}02$ m
Konterlattung
Dachlattung 30 / 50 mm
Dacheindeckung

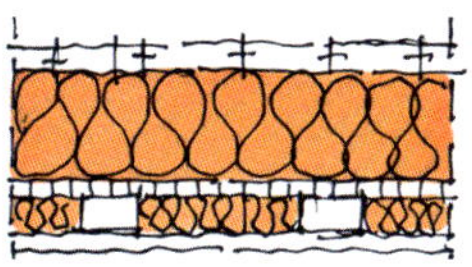

Oberste Geschossdecke / Kehlbalken
von unten nach oben:

Gipskarton 12,5 mm
Lattung 40 / 60 mm
bzw. Mineralwolle 035 d = 40 mm
OSB-Platte 15 mm
vorhandene Kehlbalken 140 mm
bzw. Mineralwolle 035 d = 140 mm
Rauhspund 24 mm

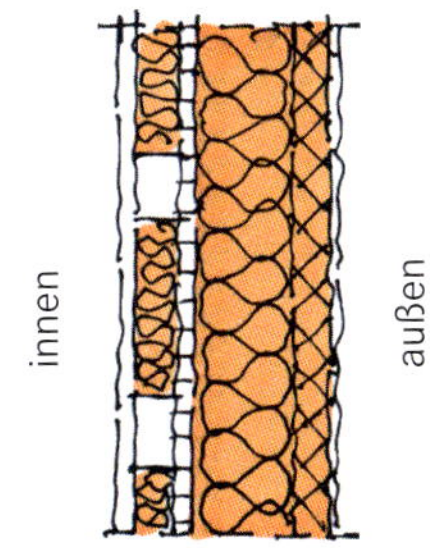

Außenwand Holzbau
von innen nach außen:

Gipskartonplatte 12,5 mm
Lattung 40 / 60 mm
bzw. Mineralwolle 035 d = 40 mm
OSB-Platte 15 mm
vorhandenes Holzständerwerk 120 mm
bzw. Mineralwolle 035 d = 120 mm
Holzfaserplatte 40 mm
Lattung und Bodendeckelschalung
oder Putz

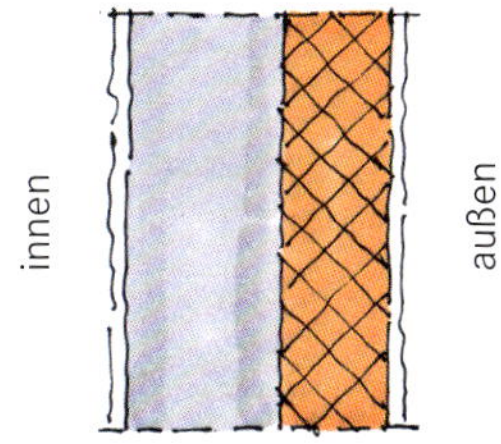

Außenwand Massivbau
von innen nach außen:

Innenputz
vorhandenes Kalksandsteinmauerwerk
240 mm
Wärmedämmverbundsystem
035 d = 160 mm

Bodenplatte
von oben nach unten:

Bodenbelag
Estrich 50 mm auf Wärmedämmung
035 d = 100 mm
Bodenplatte 180 mm

Bild 25 Systemdetails Altbau – EnEV 2009

5.3.2 Systemdetails - Altbau

Grundlage bilden die vor 30 bis 40 Jahren üblichen Baukonstruktionen, wie beispielsweise Außenwände in einschaligem beidseitig verputztem Mauerwerk in 240 mm Kalksandstein oder wie im Fertighausbau mit 120 mm dicken, beidseitig beplankten Holzrahmenkonstruktionen.

Darauf aufbauend und durch die skizzierten Verbesserungen - Wärmeverbundsysteme und zusätzliche Installationsebenen - werden die Gebäudehüllen auf EnEV-Niveau angehoben.

5.4 Stellenwert und Systeme der Wohnungslüftung

Die aktuelle Energieeinsparverordnung 2009, § 6, Absatz 2 und die DIN 4108 (Teil 2: Mindestanforderungen an den Wärmeschutz in Gebäuden) schreiben vor:

»Die Gebäudehülle muss zum einen dauerhaft luftundurchlässig abgedichtet sein und zum anderen ist ein ausreichender Luftwechsel sicher zu stellen, um zu hohe Kohlendioxidbelastung, Luftfeuchte, Schadstoffkonzentration und Schimmelpilzbildung zu vermeiden. Dieser Luftwechsel zur Sicherstellung der Raumhygiene gemäß DIN 4108-2 ist gegeben, wenn durchschnittlich alle zwei Stunden die Raumluft einmal ganz ausgetauscht wird«.

Die überarbeitete Lüftungsnorm DIN 1946 Teil 6, Lüftung von Wohnungen regelt seit Mai 2009 verbindlich die Sicherstellung ausreichender Be- und Entlüftung von Wohnungen. Danach ist ein Lüftungskonzept mit Nachweis und entsprechenden Festlegungen des für den Bautenschutz und die Raumhygiene notwendigen Luftaustausches für jedes Bauvorhaben, im Neubau und in der Sanierung, zu erstellen.

Der erforderliche Luftaustausch kann durch freie Lüftung, wie Quer- oder althergebrachte Schachtlüftungen erfolgen. Da diese Systeme nur mit natürlicher Luftbewegung wie Wind oder Thermik ausreichend funktionieren, werden heute überwiegend mechanische Abluftsysteme ohne Wärmerückgewinnung und Zu- und Abluftsysteme mit Wärmerückgewinnung eingesetzt.

Weitere Informationen unter www.wohnungslueftung-ev.de

5.4.1 Abluftsysteme ohne Wärmerückgewinnung

Abluftsysteme sind eine einfache, zuverlässige und kostengünstige Lösung und stellen automatisch den erforderlichen Raumluftaustausch sicher.

Die verbrauchte, feuchte und belastete Luft wird aus den Ablufträumen wie Küche, Bad und WC über ein Rohrsystem abgesaugt und über das Dach nach draußen abgeleitet. Frischluft strömt über Außenluftdurchlässe (Ventile mit Filtern in den Außenwänden) in die Wohn-, Kinder- und Schlafzimmer und stellt eine kontinuierliche Durchlüftung der gesamten Wohnung sicher.

Allein durch die kontrollierte Regelbarkeit ergibt sich eine zusätzliche und anrechenbare Reduzierung der Lüftungswärmeverluste gegenüber einer herkömmlichen Lüftung über die Fenster.

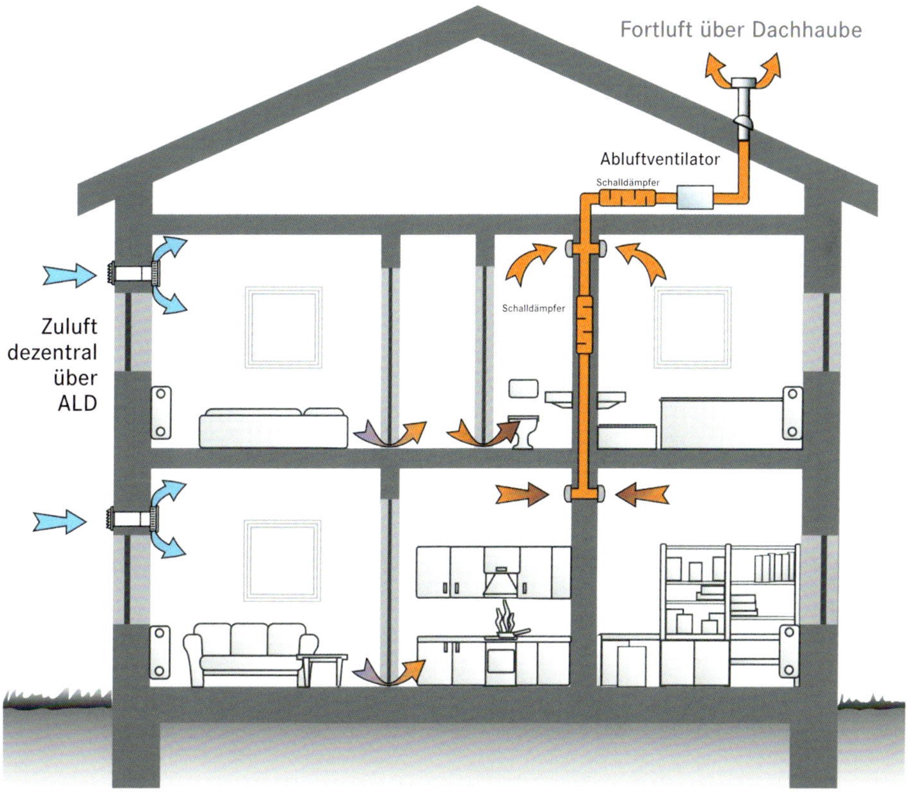

Bild 26 Abluftsystem ohne Wärmerückgewinnung (Bild Fa. Aerex HaustechnikSysteme GmbH)

5.4.2 Zu- und Abluftsysteme mit Plattenwärmeaustauscher

Die abgesaugte warme Abluft aus Küche und Bädern erwärmt berührungsfrei über einen Plattenwärmeaustauscher die, im Gegensatz zum Abluftsystem, zentral angesaugte Außenluft. Durch ein zweites Rohrsystem werden die Wärmegewinne den Wohn- und Schlafräumen zugeführt.

Plattenwärmeaustauscher gibt es in unterschiedlichen Konstruktionen und Wärmerückgewinnungsgraden. Die klassischen Kreuzstromwärmeaustauscher erreichen, bezogen auf den Lüftungswärmebedarf, Wärmerückgewinne von 60 bis 80 % und mit Hochleistungsgeräten im Gegenstrom- oder Kreuzgegenstromprinzip werden bis zu 92 % erreicht.

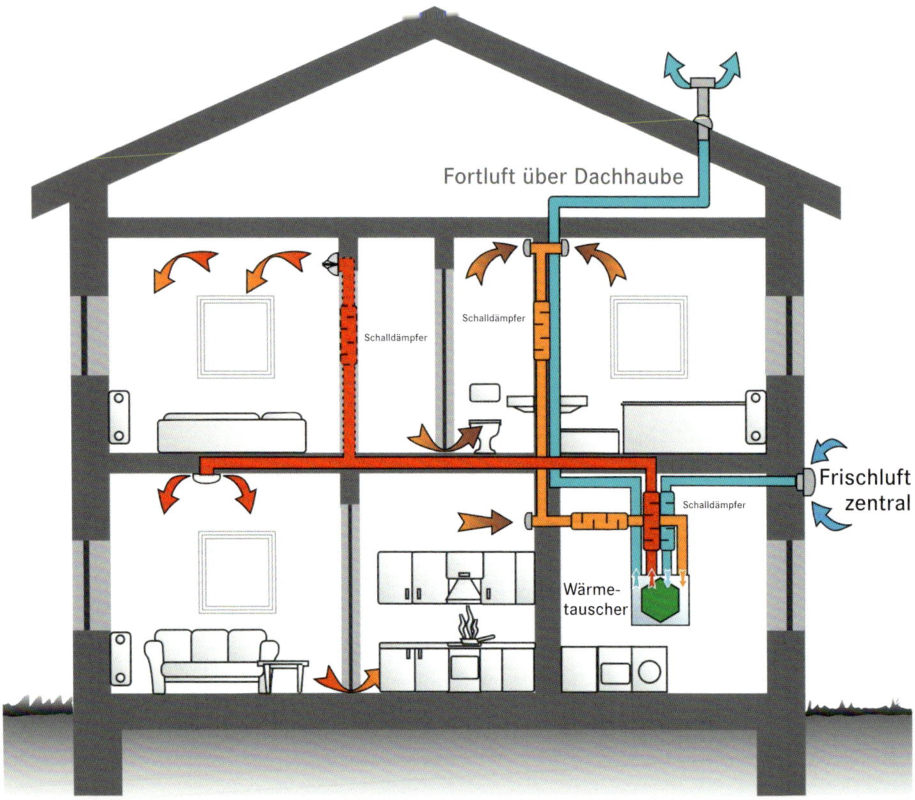

Bild 27 Zu- und Abluftsystem mit Plattenwärmeaustauscher (Bild Fa. Aerex HaustechnikSysteme GmbH)

5.4.3 Zu- und Abluftsysteme mit Rotationswärmeübertrager

Diese Systeme übertragen die Wärme der ausströmenden Abluft über einen sich drehenden Wärmeübertrager auf die einströmende kalte Außenluft. Der Wärme abgebende und Wärme aufnehmende Luftstrom erwärmt bzw. kühlt dabei die rotierende luftdurchlässige Speicherscheibe aus Aluminium.

Die über die Oberfläche des Rotors erfolgende Feuchteübertragung von der Abluft in die Zuluft sorgt für eine angemessene Luftfeuchtigkeit auch bei kalter, trockener Außenluft im Winter.

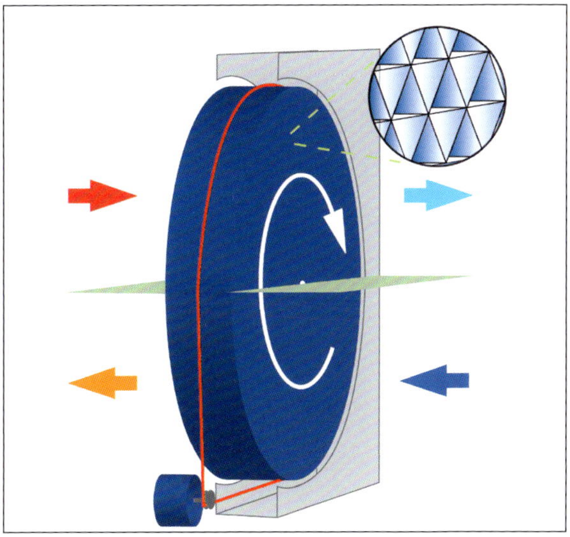

Bild 28
Rotationswärmeübertrager
(Bild Fa. Systemair GmbH)

5.4.4 Zu- und Abluftsystem mit Luft-Luft-Wärmepumpe

Zentrales Zu- und Abluftsystem, wie vor, jedoch die Wärmerückgewinnung erfolgt durch eine Luft-Luft-Wärmepumpe.

5.4.5 Zu- und Abluftsysteme mit Plattenwärmeaustauscher und Wärmeverteilung

Die Wärmeverteilung zur Beheizung des Hauses wird ausschließlich über die Zuluftkanäle des Lüftungssystems vorgenommen. Die Grundversorgung erfolgt vorrangig über die Rückgewinne des Plattenwärmeaustauschers und bei weiterem Wärmebedarf wird bei über ein Wasserheizregister, gespeist von einem Gasbrennwertkessel oder einer Erdwärmepumpe, wie beim Referenzhaus, gezielt nachgeheizt.

5.5 Systembeschreibungen der berechneten Haustechnikkombinationen

Die beim Referenzhaus in unterschiedlichen Kombinationen mit Wohnungslüftung und Solar berechneten Gasbrennwert-, Wärmepumpen- und Pellettechniken ergeben die heute aktuellen Systemtechniken.

Gasbrennwertkessel mit einer Wärmeverteilung über Heizkörper, mit unschlagbar günstigen Investitionskosten, sind die bisher am weitesten verbreiteten Standardkombinationen. Sie sind heute aufgrund der heutigen energetischen Anforderungen in der Regel nur noch mit Wohnungslüftung und Wärmerückgewinnung oder mit Solareinbindung einsetzbar.

Wärmepumpen haben in den letzten Jahren aufgrund günstiger Verbrauchswerte als Erdwärmepumpe und als Komplettsysteme mit Wärmerückgewinntechniken und Solareinbindung immer mehr an Bedeutung gewonnen.

Pelletheizungen sind, durch den nachwachsenden Rohstoff Holz, ohne zusätzliche Rückgewinnungs- oder Solarsysteme ohne Probleme in allen berechneten energetische Standards einsetzbar.

5.5.1 Gasbrennwerttechnik

Standardsystem mit Wärmeerzeuger als gasbefeuerter raumluftunabhängiger Brennwertkessel und Warmwasserbereitung über indirekt beheiztem Speicher und einer Wärmeverteilung durch Radiatoren oder mit Fußbodenheizung innerhalb der thermischen Gebäudehülle, kombiniert mit Wohnungslüftung und Solar.

Wohnungslüftung:

Standardsystem	Abluftsystem ohne Wärmerückgewinnung (durch EEWärmeG 2009 überholt)
Alternative 1	Zu- und Abluftsystem mit Wärmerückgewinnung durch Plattenwärmeaustauscher
Alternative 2	Zu- und Abluftsystem mit Wärmerückgewinnung durch Rotationswärmeübertrager
Alternative 3	Zu- und Abluftsystem mit Wärmerückgewinnung durch Luft-Luft-Wärmepumpe
Alternative 4	Zu- und Abluftsystem mit Wärmerückgewinnung durch Plattenwärmeaustauscher mit einer Wärmeverteilung über die Zuluftkanäle

Solarthermie:

Solareinbindung für Trinkwarmwasser mit 7,20 m^2 thermischen Flachkollektoren und 300 Liter bivalentem Warmwasserspeicher.

5.5.2 Wärmepumpentechnik

Wärmepumpen nutzen in unterschiedlichen Systemen und Kombinationen als Energiequellen die Wärme aus der Abluft der Innenräume, aus der Außenluft oder dem Erdreich und dem Grundwasser. Die jeweiligen Wärmequellen werden durch die Hilfsenergie Strom mit einer durchschnittlichen Arbeitszahl von 4 erschlossen, das bedeutet, mit einem Aufwand von 25 Prozent wird ein Nutzen von 100 Prozent erreicht.

Wärmepumpen arbeiten am effektivsten im Niedertemperaturbereich bei einer Vorlauftemperatur von 35 °C und mit Niedertemperaturheizkörpern oder besser noch mit einer Fußbodenheizung.

Komplettsysteme mit Abluftwärmepumpen, mit Luft/Wasser/Wärmepumpen und Luftheizsysteme mit Luft/Luft/Wärmepumpen, nutzen die Außenluft und die beheizte Abluft der Innenräume in Verbindung mit Wärmerückgewinnsystemen der Wohnungslüftung und kommen ohne aufwendige Erdwärmequellenerschließung aus.

Erdwärmepumpen:

Wärmeerzeuger mit einer Wärmenutzung aus dem Erdreich über Erdspieß oder Erdkollektoren und einer Warmwasserbereitung über einen indirekt beheizten Speicher, kombiniert mit Wohnungslüftung und Solar.

Wohnungslüftung:

Standardsystem	Abluftsystem ohne Wärmerückgewinnung
Alternative 1	Zu- und Abluftsystem mit Wärmerückgewinnung durch Plattenwärmeaustauscher
Alternative 2	Zu- und Abluftsystem mit Wärmerückgewinnung durch Rotationswärmeübertrager
Alternative 3	Abluftsystem mit dezentraler Frischluftzuführung und Wärmerückgewinnung aus der Abluft. Die zurück gewonnene Wärme wird dem Solekreislauf wieder zugeführt.
Alternative 4	Zu- und Abluftsystem mit Wärmerückgewinnung durch Plattenwärmeaustauscher mit Wärmeverteilung über die Zuluftkanäle.

Solarthermie:

Solareinbindung für Trinkwarmwasser mit 7,20 m^2 thermischen Flachkollektoren und 300 Liter bivalentem Warmwasserspeicher.

Abluftwärmepumpen:

sind Komplettgeräte mit dezentraler Außenluftzuführung und zentraler Abluft in Kombination mit einer Luft-Wasser-Wärmepumpe zur Nutzung der Abluftwärme der Innenräume zur Erwärmung des Heiz- und Brauchwassers. Einzelne Fabrikate bieten eine zusätzliche Nutzung der Außenluftenergie bis zu –5 °C Außentemperatur oder zusätzlich integrierte Solareinbindung für die Warmwasserbereitung an.

Die Versorgung des Hauses mit Wärme und Warmwasser erfolgt bei richtiger Auslegung der Anlage bis zu einer Außentemperatur von ca. –3 °Celsius bei einem baulichen Wärmeschutz im EnEV-Standard über die Wärmerückgewinnung. Darüber hinaus gehender weiterer Bedarf wird durch eine integrierte elektrische Nacherhitzung (Heizstab) abgedeckt.

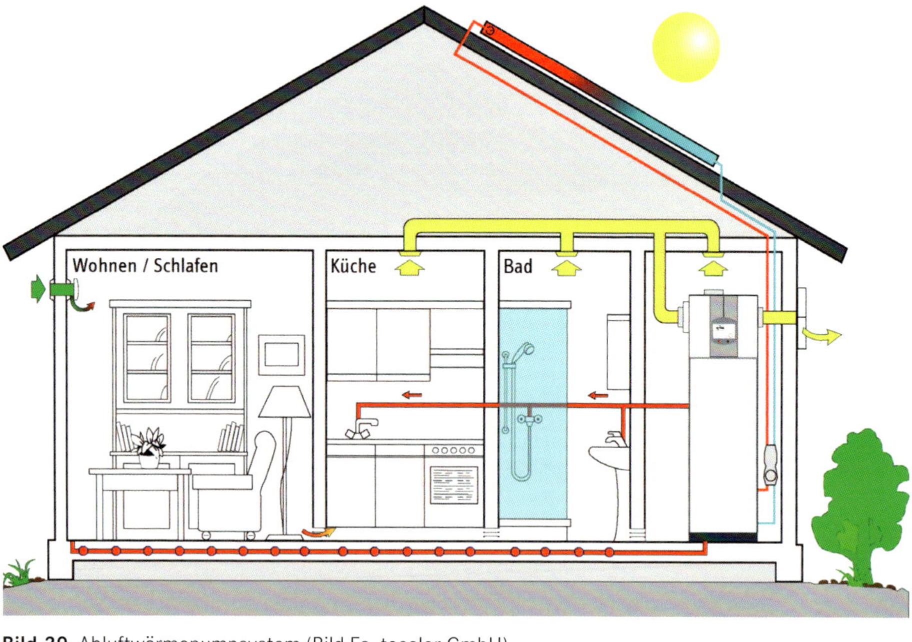

Bild 29 Abluftwärmepumpsystem (Bild Fa. tecalor GmbH)

Luft/Wasser/Wärmepumpensysteme:

als Komplettgerät mit zentraler Zu- und Abluftanlage und Kreuz-Gegenstrom-Wärmeaustauscher decken in Verbindung mit zusätzlicher Außenluftnutzung die Versorgung des Hauses mit Wärme und Warmwasser. Darüber hinausgehender weiterer Bedarf wird auch bei diesem System durch eine integrierte elektrische Nacherhitzung abgedeckt. Sie kommt, wie die Abluftwärmepumpe, ohne Erdwärmeerschließung aus und eignet sich in Verbindung mit Solareinbindung für alle energetischen Standards.

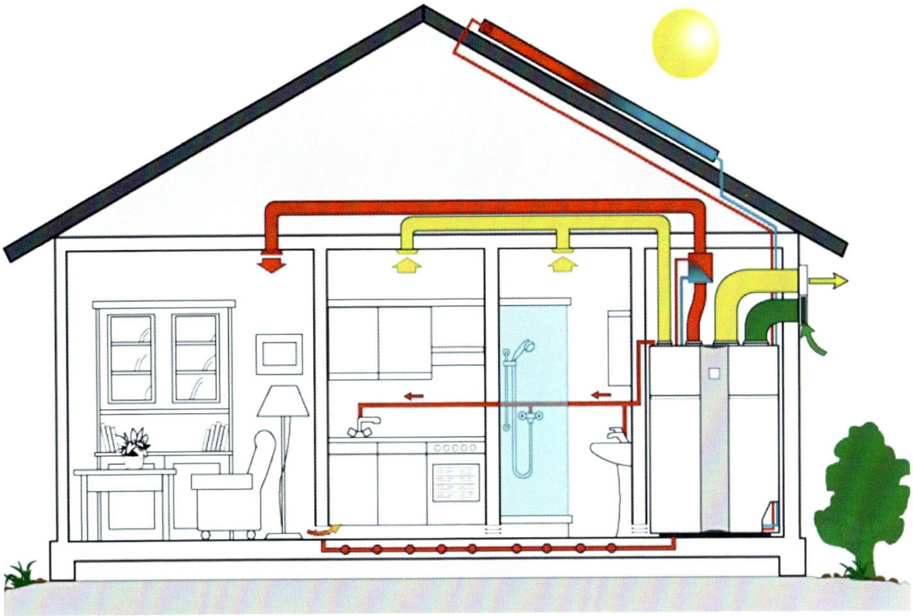

Bild 30 Luft / Wasser / Wärmepumpensystem (Bild Fa. tecalor GmbH)

Luftheizsysteme:

verteilen die Wärme über die Zuluftkanäle des Lüftungssystems. Die Wärmeerzeugung erfolgt durch einen Plattenwärmeaustauscher mit nachgeschalteter Luft-Luft-Wärmepumpe. Darüber hinausgehender Bedarf wird durch elektrische Wärmeelemente in den Lüftungsleitungen abgedeckt. Warmwasser liefert eine integrierte Trinkwasser-Wärmepumpe mit Speicher. Luftheizsysteme eignen sich besonders für die KfW-Effizienzhaus 70 und KfW-Effizienzhaus 55 Standards und für Häuser nach EnEV 2009 mit gutem Dämmstandard.

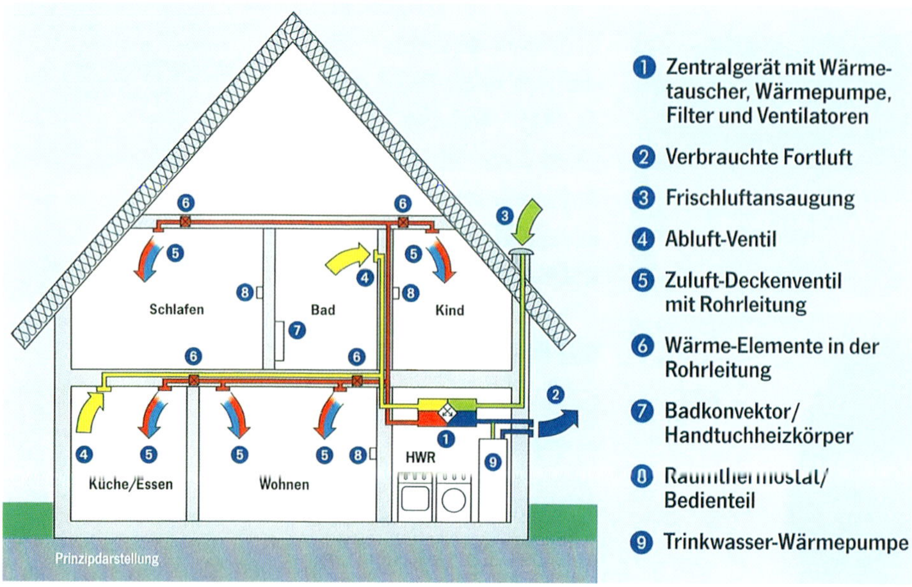

Bild 31 Luftheizsysteme (Bild Fa. Zimmermann Lüftungs- und Wärmesysteme GmbH)

5.5.3 Pellettechnik

Wärmeerzeuger als pelletbefeuerter Kessel für feste Brennstoffe mit automatischer Beschickung mit Warmwasserbereitung über separaten Kombispeicher und einer Wärmeverteilung durch Radiatoren oder Fußbodenheizung innerhalb der thermischen Gebäudehülle kombiniert mit Wohnungslüftung und Solar.

Wohnungslüftung:

Standardsystem	Abluftsystem ohne Wärmerückgewinnung
Alternative 1	Zu- und Abluftsystem mit Wärmerückgewinnung durch Plattenwärmeaustauscher
Alternative 2	Zu- und Abluftsystem mit Wärmerückgewinnung durch Rotationswärmeübertrager
Alternative 3	Zu- und Abluftsystem mit Wärmerückgewinnung durch Luft-Luft-Wärmepumpe
Alternative 4	Zu - und Abluftsystem mit Wärmerückgewinnung durch Plattenwärmeaustauscher mit Wärmeverteilung über die Zuluftkanäle

Solarthermie:

Solareinbindung für Trinkwarmwasser mit 7,20 m² thermischen Flachkollektoren und 300 Liter bivalentem Warmwasserspeicher.

Sachregister

Ratgeber energiesparendes Bauen

Auf den Punkt gebracht – Neutrale Fachinformationen für mehr Energieeffizienz
Thomas Königstein
4., bearb. und erw. Aufl.
2009, 206 S., zahlr. Abb., Tab., Kartoniert
ISBN 978-3-8167-7925-4 | Fraunhofer IRB Verlag

Das Buch zeigt alle Möglichkeiten der Energieeinsparung beim Bauen auf. Es stellt die wichtigsten modernen Bau- und Dämmstoffe vor, erläutert, was beim Ausbau von Fenstern über die Lüftung bis zur Heizung und Nutzung von Sonnenenergie bedacht werden muss. Berichtet wird über die Energieeinsparverordnung EnEV 2007, den Energieausweis und über die neuesten Entwicklungen zur EnEV 2009.

Wärmeschutz in der Praxis

Energetische Optimierung von Gebäuden
Basiswissen Bauphysik
Gabriele Gärtner, Antje Lotz
2010, 88 S., zahlr. Abbildungen, Kartoniert
ISBN 978-3-8167-8099-1 | Fraunhofer IRB Verlag

Die Autorinnen veranschaulichen grundlegende bauphysikalische Gesetzmäßigkeiten und praxisorientierte Umsetzungen rund um den Schwerpunkt Wärme- und Tauwasserschutz und räumen dabei mit verbreiteten Irrtümern auf. Das Buch bietet einen leicht verständlichen, übersichtlichen und anwenderfreundlichen Einstieg in die Bauphysik, zusätzlich veranschaulicht durch zahlreiche Grafiken, Fotos und Zusammenfassungen der wichtigsten Inhalte.

Schallschutz in der Praxis

Grundlagen – Recht – Fallbeispiele
Alexander Müller
2009, 195 S., zahlr. Abb. und Tab., Kartoniert
ISBN 978-3-8167-7967-4 | Fraunhofer IRB Verlag

Ein Großteil der Bevölkerung empfindet die Geräusche der Nachbarn als störend. Welche Handhabe hat man gegenüber Lärmbelästigungen aus der Nachbarschaft? Wann liegt ein Baumangel vor? Inwieweit sind störende Geräusche zu akzeptieren?
Der Ratgeber gibt Antwort auf diese und andere immer wieder gestellte Fragen. Der Autor erläutert die baulichen Mindestanforderungen an den Schallschutz im Hochbau entsprechend den hierzu vorliegenden Normen, Richtlinien und Gesetzen, beschreibt in welchen Fällen ein Baumangel vorliegt, zeigt aber auch deutlich die Grenzen dieser Richtwerte auf. Konkrete Abwehrmöglichkeiten gegen Lärmbelästigungen, wie sie das Bürgerliche Gesetzbuch vorgibt, werden dem Leser an die Hand gegeben. Eine Vielzahl von praktischen Fallbeispielen, die anhand von ausgewählten Gerichtsurteilen beleuchtet werden, geben einen Überblick über die aktuelle Rechtsprechung zum Thema Schallschutz und bieten eine Orientierungshilfe für weitere konkrete Einzelfälle.

Energetische Sanierung von Altbauten

Josef Maier
2009, 385 S., zahlr. Abb., Gebunden
ISBN 978-3-8167-7968-1 | Fraunhofer IRB Verlag

Um an Altbauten energetische Instandsetzungsmaßnahmen durchzuführen, bedarf es einer detaillierten Kenntnis des Gebäudebestands. Der Autor erläutert daher von Grund auf die historischen Baukonstruktionen, typische Bauschäden und deren Untersuchungsmethoden sowie die Vorgehensweise einer altbauverträglichen Sanierung. Er legt den Schwerpunkt auf die passiven Energie einsparenden Maßnahmen, zu denen vor allem die Verbesserung der Wärmedämmung und die Vermeidung von Wärmebrücken sowie der Feuchtigkeitsschutz der Bauteile und der Einbau energieeffizienter Fenster und Türen gehören. Neben den bauphysikalischen Grundkenntnissen werden auch die Anforderungen und Neuerungen der EnEV 2009 dargestellt. Konkrete Projektbeispiele und eine große Anzahl an Abbildungen ergänzen die Ausführungen des Autors.

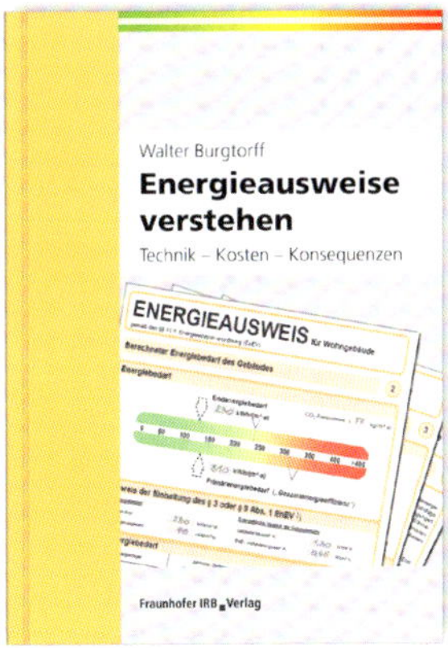

Energieausweise verstehen

Technik - Kosten - Konsequenzen
Walter Burgtorff
2009, 90 S., Kartoniert
ISBN 978-3-8167-7667-3 | Fraunhofer IRB Verlag

Seit die Energieeinsparungsverordnung (EnEV) zur Ausstellung von Energieausweisen für die meisten Immobilien verpflichtet, steht dem Käufer/Mieter, aber auch dem Verkäufer/Vermieter ein Instrument für die Beurteilung des Energieverbrauchs eines Objektes zur Verfügung.
Energieausweise sind für den Laien aber nicht immer leicht verständlich. Dieses Buch hilft, den Energieausweis zu verstehen und so eine Immobilie in Bezug auf ihren Energieverbrauch richtig einschätzen zu können.
Mit diesem Buch kann sowohl der Immobilieneigentümer als auch der Kauf- oder Mietinteressent von Neu- und Altbauten den Energieausweis auch ohne zusätzliche fachliche Erläuterungen in allen Teilbereichen verstehen und eine Immobilie in Bezug auf ihren Energieverbrauch bewerten.

Innendämmung im Bestand

Tagungsband zum 3. Sachverständigentag der WTA-D im November 2009 in Weimar
2010, 92 S., zahlreiche farbige Abbildungen, Kartoniert
ISBN 978-3-8167-8236-0 | Fraunhofer IRB Verlag

Die Ausstrahlung von Bestandsgebäuden, oft einhergehend mit reichhaltiger Detailausbildung, ist die Grundlage räumlicher Geborgenheit und somit auch örtlicher Lebensqualität. Um das vertraute Erscheinungsbild zu erhalten, ist eine Verbesserung des Wärmeschutzes und die damit einhergehende gewollte Steigerung der Energieeffizienz nur mit einer innen angeordneten Wärmedämmung zu erreichen.
Nachträglich an Außenwänden aufgebrachte Innendämmungen verändern jedoch gravierend das bauphysikalische Verhalten einer bestehenden Konstruktion. Aspekte wie die Wasserdampfdiffusion von innen nach außen mit möglicher Tauwasserbildung an der bauzeitlichen Innenoberfläche der Wand oder das eingeschränkte Austrocknungspotenzial nach der Schlagregenbeanspruchung sind deshalb besonders zu beachten.
Diesem schwierigen Themenkomplex widmete sich der 3. Sachverständigentag der regionalen deutschen Gruppe der Wissenschaftlich-Technischen Arbeitsgemeinschaft für Bauwerkserhaltung und Denkmalpflege e.V. im November 2009 in Weimar.
Das spannungsreiche Themengebiet wird nicht einseitig, sondern in der Wechselwirkung zwischen Nutzen und Gefährdungen, zwischen Möglichkeiten und Risiken kontrovers erörtert und diskutiert.